高职高专安全防范技术系列丛书

智能视频监控技术

苏志贤　著

电子工业出版社
Publishing House of Electronics Industry
北京·BEIJING

内 容 简 介

本书是具有多年教学经验和行业从业经验的教师与企业工程师共同编写完成的，其目的在于和行业朋友分享、交流、探讨"智能高清视频监控系统"的原理、应用、产品、技术发展趋势等。本书的内容涉及智能视频监控系统中的采集系统、传输系统、管理与控制系统、存储系统、显示系统，详细介绍视频监控系统产品技术特点、技术应用的相关知识以及工程应用规范和维护。

伴随着平安城市建设的快速发展，安防行业的从业人员快速增加，为了适应这种需求，本书的知识点编写得简单易懂，适合作为高职（安全防范技术、物联网应用技术、智能监控技术应用、计算机网络技术等专业）、中职（电子类专业）的教学用书，也是安防行业的技术爱好者、企事业单位的保卫处应用人员的有益读本。

图书在版编目（CIP）数据

智能视频监控技术 / 苏志贤著. —北京：电子工业出版社，2018.6

ISBN 978-7-121-34606-4

Ⅰ. ①智… Ⅱ. ①苏… Ⅲ. ①视频系统－监控系统－高等学校－教材 Ⅳ. ①TN948.65

中国版本图书馆 CIP 数据核字（2018）第 142594 号

策划编辑：贺志洪（hzh@phei.com.cn）

责任编辑：贺志洪　　　　　　特约编辑：吴文英　杨　丽

印　　刷：北京虎彩文化传播有限公司

装　　订：北京虎彩文化传播有限公司

出版发行：电子工业出版社

　　　　　北京市海淀区万寿路 173 信箱　邮编 100036

开　　本：787×1092　1/16　印张：11　字数：281.6 千字

版　　次：2018 年 6 月第 1 版

印　　次：2022 年 6 月第 8 次印刷

定　　价：33.00 元

《智能视频监控技术》是由具有多年安防教学经验的教师与企业工程师共同编写完成的。本书注重"学有所用"，理论与实践紧密结合，从安防的基础知识到 IP 视频监控系统的典型组网，结合系统的整体架构，详细介绍了基于 IP 的视频监控解决方案，以及弱电工程管理、工程设计和工程规范的知识。

本书对于希望从事安防行业的人士来说，能够从零基础学起，快速入门上手，是实实在在的"干货"。随着平安城市建设的深入推进，市场对安防从业人员的需求大大增加。为了适应需求，本书的知识点编写得简单易懂，适合作为高职（安全防范技术、物联网应用技术、智能监控技术应用、计算机网络技术等专业）、中职（电子类专业）的教学用书，也是安防行业的技术爱好者、企事业单位的保卫处应用人员的有益读本。

在编写此书过程中，尽管有多名工程技术经验丰富并在安防领域积累了多年实践经验的安防行业专家参与，也尽管作者对本书做了细致的检查，但限于编著书籍经验，本书难免会有疏漏和不足，恳请各位读者和专家发现后及时与作者联系。在此对支持本书的读者表示最诚挚的谢意。此外，本书为校企合作成果，书中很多术语及缩写均来自行业中的实际应用。

特别申明，本书列举的很多典型案例来源于浙江宇视科技有限公司的官网和行业的技术支持工程师。感谢浙江安防职业技术学院的姜迪清书记、戴海东院长、胡伟国副院长、信息工程系主任匡泰老师和系部专任教师对本书的支持和提出的宝贵意见，同时还要感谢浙江宇视科技有限公司的赵荣哲、李晓龙、李福胜、李雄等工程师；感谢浙江省安全防范行业协会的赵永华秘书长；感谢温州科达智能系统有限公司的胡立董事长、郑亚奇主管；最后感谢我的家人：杨榕女士和苏杨小朋友，给予了我时间上的充分眷顾。

编　者
2018 年 4 月

目　录

第1章　视频监控技术概述 ··· 1

1.1　安防行业概述 ··· 1

1.2　视频监控技术发展历程 ·· 2

　　1.2.1　模拟视频监控 ·· 2

　　1.2.2　数字视频监控 ·· 3

　　1.2.3　网络视频监控 ·· 4

　　1.2.4　智能网络视频监控 ······································ 5

1.3　视频监控技术发展方向 ·· 6

1.4　视频技术应用 ··· 7

本章小结 ··· 7

第2章　音视频采集及编码技术 ······································ 8

2.1　音频采集设备概述 ··· 8

　　2.1.1　拾音器 ·· 8

　　2.1.2　麦克风 ·· 9

2.2　视频采集设备介绍 ··· 9

　　2.2.1　摄像机类型 ·· 10

　　2.2.2　摄像机形态 ·· 10

　　2.2.3　摄像机配件 ·· 11

　　2.2.4　摄像机特色功能 ·· 18

2.3　音视频基础知识 ··· 21

　　2.3.1　音频基础知识 ·· 21

　　2.3.2　视频基础知识 ·· 22

2.4　音视频智能应用 ··· 29

本章小结 ·· 30

第3章　视频数据传输技术 ·· 31

3.1　视频数据传输技术基础 ·· 31

　　3.1.1　常见视频接口与线缆 ···································· 31

　　3.1.2　常见音频接口 ·· 34

　　3.1.3　常见网络数据接口 ······································ 35

　　3.1.4　常见其他接口与线缆 ···································· 36

3.2　视频传输常见设备介绍 ·· 38

3.3 数据通信基础知识 40

3.3.1 OSI 参考模型与 TCP/IP 模型 41

3.3.2 子网的划分 46

3.3.3 特殊 IP 地址 47

3.3.4 视频监控系统 IP 地址规划 48

3.4 视频数据接入技术 49

3.5 数据通信技术 51

3.5.1 POE 技术 51

3.5.2 VLAN 技术 52

3.5.3 路由技术 53

3.5.4 NAT 技术 56

3.5.5 组播技术 58

本章小结 60

第 4 章 视频数据存储技术 61

4.1 存储技术基础 61

4.1.1 存储基础知识 61

4.1.2 存储架构 68

4.2 磁盘阵列技术 71

4.2.1 RAID0 71

4.2.2 RAID1 72

4.2.3 RAID5 73

4.2.4 RAID6 73

4.2.5 RAID10 74

4.2.6 RAID50 74

4.2.7 JBOD 75

4.2.8 磁盘阵列技术小结 75

4.3 云存储技术 76

4.4 视频监控中的存储应用 79

4.4.1 视频监控存储概述 79

4.4.2 视频监控存储需求 79

4.4.3 视频监控存储方式 80

4.5 存储方案介绍 81

4.5.1 通用存储解决方案 81

4.5.2 云存储解决方案 82

本章小结 84

第 5 章 视频解码与显示技术 85

5.1 视频解码技术 85

　　　5.1.1　硬解码器···85

　　　5.1.2　软解码器···87

　　　5.1.3　万能解码器···88

　5.2　视频显示技术··90

　　　5.2.1　CRT 显示器··90

　　　5.2.2　LCD 显示器··90

　　　5.2.3　LED 显示器··91

　　　5.2.4　DLP 显示器··92

　　　5.2.5　PDP 显示器··93

　　　5.2.6　SLCD 显示器··93

　本章小结···94

第 6 章　视频监控管理平台··**95**

　6.1　视频监控管理平台概述··95

　6.2　DVR 平台··96

　　　6.2.1　DVR 工作原理···97

　　　6.2.2　DVR 的配置及接口···97

　　　6.2.3　DVR 的关键技术···98

　6.3　NVR 平台··99

　　　6.3.1　NVR 工作原理···99

　　　6.3.2　NVR 配置及接口···99

　　　6.3.3　NVR 的关键技术···100

　6.4　视频监控管理平台介绍··101

　6.5　视频监控管理平台架构··104

　　　6.5.1　完全集中型···105

　　　6.5.2　完全分散型···105

　6.6　视频监控管理平台常见业务···106

　　　6.6.1　系统功能配置···106

　　　6.6.2　监控业务···106

　　　6.6.3　系统维护···108

　6.7　视频监控管理平台的智能业务···108

　　　6.7.1　智能业务技术背景···108

　　　6.7.2　智能业务应用···110

　6.8　视频监控系统的集成···112

　本章小结···112

第 7 章　视频监控系统设计原理··**113**

　7.1　视频监控业务需求分析··113

　　　7.1.1　音视频采集系统需求分析··114

　　　7.1.2　视频传输系统需求分析 ·· 114
　　　7.1.3　数据存储系统需求分析 ·· 115
　　　7.1.4　视频显示系统需求分析 ·· 115
　　　7.1.5　视频管理系统需求分析 ·· 115
　7.2　视频监控系统架构设计 ·· 116
　7.3　视频监控系统设计及选型 ·· 116
　　　7.3.1　音视频采集系统设计及选型 ··································· 116
　　　7.3.2　视频显示系统设计及选型 ······································ 120
　　　7.3.3　视频传输系统设计及选型 ······································ 121
　　　7.3.4　视频存储系统设计及选型 ······································ 126
　　　7.3.5　视频管理控制系统设计及选型 ······························ 128
　本章小结 ···131

第8章　视频监控工程规范 ···132
　8.1　项目管理基础 ···132
　　　8.1.1　技术管理 ·· 133
　　　8.1.2　施工管理 ·· 134
　　　8.1.3　质量管理 ·· 135
　　　8.1.4　系统测试与验收 ·· 136
　8.2　弱电工程法规 ···137
　8.3　工程规范原则 ···138
　　　8.3.1　管道材料选择和施工要求 ······································ 138
　　　8.3.2　施工过程要求 ··· 141
　　　8.3.3　施工工艺技术要求 ·· 142
　8.4　系统维护原则 ···144
　本章小结 ···146

第9章　视频监控的行业应用 ···147
　9.1　平安城市 ···147
　　　9.1.1　平安城市管理系统设计原则 ··································· 148
　　　9.1.2　平安城市一般架构 ·· 149
　　　9.1.3　平安城市建设需求 ·· 149
　　　9.1.4　平安城市建设案例 ·· 150
　9.2　智能楼宇 ···153
　　　9.2.1　智能楼宇的设计原则 ·· 154
　　　9.2.2　智能楼宇的一般架构 ·· 155
　　　9.2.3　智能楼宇的建设需求 ·· 156
　　　9.2.4　智能楼宇建设案例 ·· 156
　9.3　大型园区 ···157

9.3.1 大型园区的设计原则 ···································· 157
9.3.2 大型园区的一般架构 ···································· 158
9.3.3 大型园区的建设需求 ···································· 158
9.3.4 大型园区的案例 ·· 159
9.4 广域互联监控 ·· 160
9.4.1 广域互联监控的设计原则 ······························ 161
9.4.2 广域跨域互联的一般架构 ······························ 162
9.4.3 广域跨域互联的建设需求 ······························ 162
9.4.4 广域跨域互联的案例 ···································· 164
本章小结 ··· 164

第1章　视频监控技术概述

主要内容

（1）视频监控技术应用；
（2）视频监控技术发展过程；
（3）智能网络视频监控技术。

人类获取的外界信息 70%左右来源于视觉刺激，视觉具有直观、真实、具体等特点。视频图像技术在现代社会中有广阔的应用，如广播电视、机器视觉、视频通信、视频监控等，每种应用根据需求的不同衍生出不同的系统。

视频监控系统在传统意义上是安全防范系统的重要子系统，广泛应用于平安城市、智能楼宇、智能交通、环境监测等各个领域。随着计算机、数据通信、图像压缩、视频显示技术的飞速发展，视频监控技术呈现多元化、行业化的发展态势。

本章先对视频监控所在的安防行业进行介绍，再回顾视频监控系统的发展历程，接着介绍目前业界主流厂商的技术及解决方案，最后展望视频监控技术的发展方向。

1.1　安防行业概述

安防，可以理解为"安全防范"的缩略词。根据汉语词典的解释，所谓安全，就是没有危险、不受侵害、不出事故；所谓防范，就是防备、戒备，而防备是指做好准备以应付攻击或避免受害，戒备是指防备和保护。

常见的安全防范的手段有人防、物防、技防三种，人防、物防顾名思义就是通过人力、物力进行安全防范，比如人员巡逻、站岗、安装防盗门、使用运钞车等防范措施，这些是从传统的防范手段演进而来的，是安全防范的基础。技防则是通过现代科学技术手段进行的安全防范，比如视频监控、电子防盗报警等技术手段。技防的内容也随着技术的进步而不断更新，"技术防范"在安全防范技术中的地方和作用也越来越重要，它已经带来了安全防范的一次新的革命。

安全防范的三个基本要素是：探测、延迟与反应。探测（Detection）是指感知显性和隐性风险事件的发生并发出警报；延迟（Delay）是指延长和推延风险事件发生的进程；反应（Response）是指组织力量为制止风险事件的发生所采取的快速行动。在安全防范的三种基本手段中，要实现防范的最终目的，都要围绕探测、延迟、反应这三个基本防范要素开展工作、采取措施，以预防和阻止风险事件的发生。当然，三种防范手段在实施防范的过程中，所起的作用有所不同。

安全防范系统（Security & Protection System，SPS）在国内标准中定义为，以维护社会公共安全为目的，运用安全防范产品和其他相关产品所构成的入侵报警系统、视频安防监控系统、出入口控制系统、液晶拼接屏系统、门禁消防系统、防爆安全检查系统等，或由这些系统为子系统组合或集成的电子系统或网络。而国外则更多称其为损失预防与犯罪预防（Loss Prevention & Crime Prevention）。损失预防是安防产业的任务，犯罪预防是警察执法部门的职责。安全防范系统的全称为公共安全防范系统，它以保护人身财产安全、信息与通信安全，达到损失预防与犯罪预防的目的。

通常所说的安全防范主要是指技术防范，是指通过采用安全技术防范产品和防护设施实现安全防范，视频监控系统属于技术防范范畴，是探测的重要组成部分。

中国的安防产业是从 20 世纪 80 年代开始起步的，比西方经济发达国家大约晚 20 年。改革开放以前，由于受经济发展的限制，中国的安防主要以人防为主，安全技术防范还只是一个概念，技术防范产品几乎还是空白。20 世纪 80 年代初，安防作为一个行业在上海、北京、广州、深圳等经济发达城市和地区悄然兴起，尤其是处在改革开放前沿的深圳，依托本地先进的电子科技优势和得天独厚的地理位置，逐渐发展成为全国安防产业的重要基地。

中国安防产业的发展已基本成型，且颇具规模。进入 21 世纪，安全技术防范产品行业又有了进一步的发展，智能建筑、智能小区建设异军突起，以及高科技电子产品、全数字网络产品的大量涌现，都极大地促进了技防产品市场的蓬勃发展。中国正在发展成为世界上最庞大的安全防范产品市场已是不争的事实。"世界工厂"的逐步形成使中国安防行业成为国民经济新的增长点和新兴的朝阳产业。安防产业日渐成为中国经济建设领域中一支十分重要的生力军。

随着国民经济的发展和经济全球化进程的加快，中国安防产业迅速发展。随着科技的不断进步，安防行业领域不断扩大，报警运营、中介、资讯等专业化服务开始起步；产品种类不断丰富，发展到了视频监控、出入口控制、入侵报警、防爆安检等十几个大类，数千个品种；视频监控发展迅猛，年增长率达到 30%左右；沿海地区发展较快，形成了以珠江三角洲、长江三角洲、京津地区为中心的三大安防产业集群。

如今，安防行业的新产品及解决方案不仅限于安全防范的目的，在制造、生活、娱乐方面有了更多的延伸，摄像机、显示器、数据存储设备也大量应用于工业 4.0、无人机、物联网等各领域，安防行业呈现出一片蓬勃发展的势头。

1.2　视频监控技术发展历程

一般来说视频监控技术经历了模拟视频监控、数字视频监控、网络视频监控以及现在正在高速发展的智能网络视频监控 4 个阶段。

1.2.1　模拟视频监控

20 世纪 70 年代到 90 年代，主要以模拟视频监控系统为代表，又称为闭路电视监控系统。视频图像采集、传输、存储、显示的设备全部采用的是模拟方式，主要由模拟摄像机、视频分配器、监视器、盒式录像机等设备构成。使用专用的同轴线缆将模拟摄像机的视频信号传输到监视器上，通过键盘利用模拟矩阵进行图像切换和控制，采用磁带录像机录像，采用光纤进行远距离图像传输，如图 1-1 所示。

受限于模拟信号的传播，模拟视频监控系统有诸多不足。首先，模拟视频信号的传输距离短，一般不超过 300 米，若要传输更远距离，则需要有源设备进行信号放大处理或采用光端机。其次，模拟视频监控系统无法承载太大规模，摄像机规模与系统操作复杂程度成正比，并且工程布线难度也极大。最后，由于早期盒式录像机存储空间有限，模拟信号的存储会耗费大量的存储介质，查询取证十分麻烦。

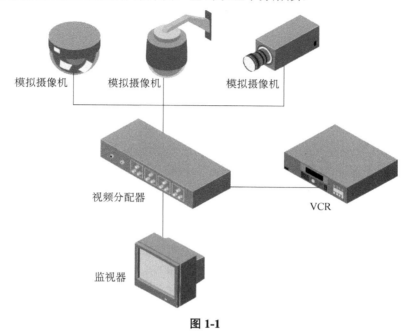

图 1-1

1.2.2　数字视频监控

随着计算机的普及发展，在 20 世纪 90 年代，传统的模拟视频监控系统加入了许多数字元素，尤其是硬盘录像机 DVR（Digital Video Recorder）的出现，将模拟信号数字化，存储在大容量的硬盘上，极大地提高了系统的可用性。数字视频监控系统，如图 1-2 所示。

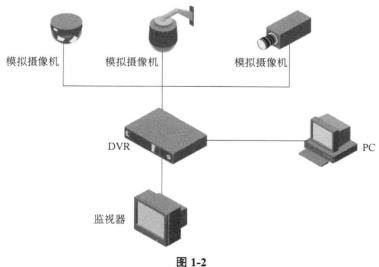

图 1-2

在这一时期，更准确的说法应为模数结合的监控系统，以模拟视频矩阵为核心，结合 DVR 与视频编码器 EC（Encoder），将模拟信号更方便地进行远距离传输，并且使得该监控系统能够统一权限管理，又兼顾了系统规模，可以充分共享视频资源，也方便摄像机的扩充。

相比第一代模拟视频监控系统，第二代数字视频监控/模数结合视频监控有如下重要改进：

- 存储时间更长，录像调取更方便。
- 前端模拟信号通过视频编码器转成数字信号后，可以远距离传输。
- 视频监控系统规模扩大，系统易用性提高。

1.2.3 网络视频监控

21 世纪初，基于 IP 的网络视频监控系统开始大规模应用。网络摄像机 IPC（IP Camera）的出现克服了数字视频监控 DVR 与模拟摄像机相连不能远距离传输的短板，能够通过局域网、广域网、无线网络传输视频数据，监控区域大大超过了前两代系统。网络视频监控系统可以通过视频管理服务器，在网络中的任意一台计算机都可以进行观看、查询和管理视频信息，实现对整个监控系统的指挥、调度、授权等功能。另外，视频管理服务器大多采用标准管理控制协议，如 SIP（Session Initiation Protocol，会话初始协议）、SNMP（Simple Network Management Protocol，简单网络管理协议）等，可以实现不同厂商设备的互联互通，基于软件开发工具包 SDK（Software Development Kit）可与门禁、报警、地理信息系统 GIS（Geographic Information System）、消防系统进行对接，统一管理调度，易用性大幅提高。同时，网络视频监控系统采用了视频编码压缩技术、存储阵列技术，能够保存更多、更久、更高清晰度的视频数据，极大地促进了视频监控系统的应用。网络视频监控系统，如图 1-3 所示。

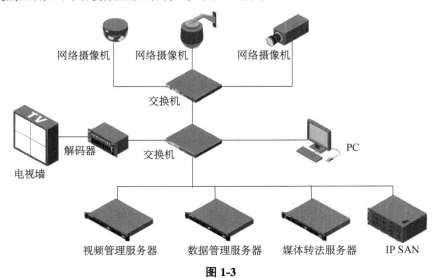

图 1-3

与第二代模拟视频监控系统相比，第三代网络视频监控有如下重要改进：

- 视频图像清晰度提高，从 DVD 画质（约 40 万像素）提升至高清（约 90 万像素及以上）。

- 视频图像经过压缩可以在 IP 网络上进行远距离传输，图像信息没有衰减。
- 视频数据通过磁盘阵列技术可以大规模长时间的存储，并且有容错机制保证了数据的可靠性。
- 系统易用性大幅度提高，通过 IP 网络可以对远端设备进行管理维护，并且能够与其他系统互联。
- 系统标准化、模块化。编解码、管理控制协议等都采用国际标准，使各个厂商的设备更容易互通。

1.2.4　智能网络视频监控

如今，随着视频监控系统的规模越来越大，仅靠人工来寻找有效视频信息的工作效率越来越低，依靠智能算法自动分析图像数据并进行处理的需求越来越多。智能网络视频监控能够自动识别不同物体，并根据管理员制定的策略，检测画面中出现的异常情况，以预定的方式发出警报或提供有效信息，更加有效地协助安保人员处理危机，如图 1-4 所示。

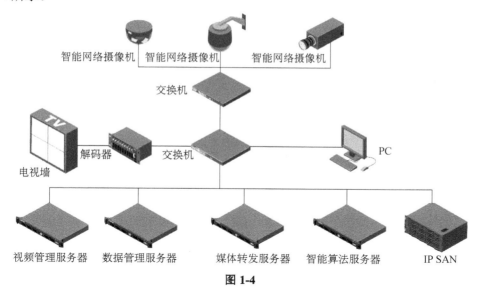

图 1-4

智能网络视频监控核心技术为视频内容分析（Video Content Analysis，VCA），它能够把图像中的有效信息数据化，从而使计算机能够通过图像处理和分析来理解画面中的内容。

采用智能算法的配置通常分为前端智能摄像机/编码器和后端智能算法服务器。一般而言，受限于前端智能摄像机/编码器的硬件配置，只在软件里嵌入了较为简单的智能算法，其准确率相对后端智能算法服务器而言要低，故应用于一些对准确率要求不高的简单场景。后端智能算法服务器通过高性能的计算机对前端采集到的高清图像进行分析处理，能够实现周界入侵检测、物品遗留、人脸识别、人数统计等业务，处理的效率与准确度均高于前端智能。

相比第三代网络视频监控系统，第四代智能网络视频监控有如下重要改进：

● 视频图像清晰度持续提高，从 720P/1080P 画质（约 90 万/200 万像素）提升至 300 万像素及以上。

● 图像处理技术提升了视频图像压缩效率，使用更低的带宽能够传输更高清晰度的视频图像，同时节省了存储空间。

● 利用智能算法可以实现视频图像数据化，并进行管理、整合、传输、应用、存储、集成等。

● 多业务集成，通过开放的接口，视频管理服务器可以与其他安防系统对接，方便了安防系统的建设和实用。

● 大数据技术应用为视频数据提取及挖掘提供支撑。

1.3　视频监控技术发展方向

随着技术的进步，视频监控系统围绕"看、控、存、管、用"5 个基本功能点不断演进，目前从以下 6 个方面发展速度较快。

1. 高清晰度与高压缩比

视频监控技术一定会不断地追求更低带宽传输、更高清晰度的视频图像。高清晰度传输以获取更多的视频信息，今后 4K 分辨率甚至更高的分辨率会淘汰低分辨率，更好的压缩算法 H.265 或更新一代效率更高的视频编码算法会淘汰 H.264。

2. 网络接入手段丰富

随着网络技术的进步以及网络视频监控摄像机与视频存储设备相分离的特点，网络摄像机的接入方式将多种多样，如无线网络、4G、EPON（Ethernet Passive Optical Network，以太网无源光网络）等高性价比的"最后一公里"的接入方式将可以实现视频监控系统的"无处不在"。

3. 海量存储，高性价比的容错机制

大数据技术的应用必将导致存储空间的急剧扩容，视频数据 24 小时不间断写入的特点又会导致磁盘寿命的缩减，所以未来视频监控系统中的存储部件必须具有存储容量大、扩容方便、高性价比的容错机制的特点。

4. 智能应用普及

受限于智能算法的效率及硬件的成本，智能技术还仅仅在一些特定场景中被使用，随着算法的成熟及硬件成本的降低，智能应用将无处不在，此时视频监控将不仅仅用于安防，而且会与商业、制造业更紧密地结合起来，作为商业决策、生产制造的重要信息来源。

5. 标准化与开放性

任何一种技术的成熟都离不开标准化，视频监控技术也不例外。国际、国家公认的协议标准将覆盖整个生态链，开放式的视频管理平台，可以实现不同厂家设备、不同应用系统的互联互通、统一管理和统一调度。

6. 行业化解决方案

不同行业有不同的需求，未来视频监控技术需要根据行业特点，在硬件、软件平台

甚至系统架构上进行开发，不仅仅满足安防监控的需要。目前，在公安行业、金融行业已经有所体现，结合智能算法，提出真正意义上的行业化解决方案。

1.4 视频技术应用

随着视频技术的发展，图像清晰度越来越高，已不仅仅限于应用在安防领域。基于音、视频实时传输的典型视频技术应用还有以下几种。

● 视频会议系统：包括软件视频会议系统和硬件视频会议系统，是指两个或两个以上不同地方的人，通过现有的通信手段，将人物的静态和动态图像、语音、文字、图片等多种资料分送到各个用户的设备上，使得在地理上分散的用户可以共聚一处，通过图形、声音等多种方式交流信息，增加双方对内容的理解能力。

● 远程医疗：使用远程通信技术、全息影像技术、新电子技术和计算机多媒体技术发挥大型医学中心医疗技术和设备优势对医疗卫生条件较差的及特殊环境提供远距离医学信息和服务。它包括远程诊断、远程会诊及护理、远程教育、远程医疗信息服务等所有医学活动。

● 视频直播：是指利用互联网及流媒体技术进行直播，视频因融合了图像、文字、声音等丰富元素，声形并茂，逐渐成为互联网的主流表达方式。

● 无人机：是利用无线电遥控设备和自备的程序控制装置操作的不载人飞行器。在20 世纪 90 年代后，无人机采用先进的信号处理与通信技术提高了无人机的图像传输速度和数字化传输速度，无人机可以将实时图像通过网络传输到地面接收设备，也可以将无人机与平安城市相结合，打造立体安防体系。

本章小结

本章介绍了安防的基本概念、常见的三种手段以及三个基本要素。通过技术的划分，将视频监控系统分为 4 个阶段，每一代系统相比较上一代均有重大的改进，当今正处于第三代系统晚期以及第四代系统的早期阶段。视频监控技术的发展跟随网络、存储、智能、算法、协议的改进，形成具有鲜明行业特征的解决方案，满足人们多样化的需求。

第 2 章　音视频采集及编码技术

主要内容

（1）音频设备视频监控技术应用；
（2）视频监控技术发展过程；
（3）智能网络视频监控技术。

2000 年左右，我国视频监控系统发展很快，但综合来看，仍处于一个监控质量和应用较低的水平，少有业主关注图像质量、功能扩展以及升级扩容。进入到 2010 年前后，随着网络视频监控系统快速发展，720P、1080P、4K 等高清晰度网络摄像机进入了人们的生活中，图像质量较以前有了很大的提高。音视频采集是视频监控系统中最核心组成部分，智能算法、图像分析等应用完全依赖于高清晰的图像质量，如何避免常见的图像模糊、有效信息少、跳帧、马赛克等问题，是本章要掌握的重点内容。

2.1　音频采集设备概述

音视频采集是一个系统工程，音频相对简单，安装在室内环境中，一般采用拾音器和麦克风。拾音器随着摄像机安装在前端，麦克风主要用在监控中心与前端拾音器进行语音对讲。

2.1.1　拾音器

在视频监控系统中，拾音器是音频采集系统最主要的设备之一。拾音器是用来采集现场环境声音再传送到后端设备的一个器件，它由咪头（麦克风）和音频放大电路构成。拾音器一般分为数字拾音器和模拟拾音器，数字拾音器就是通过数字信号处理系统将模拟的音频信号转换成数字信号并进行相应的数字信号处理的声音传感设备。而模拟拾音器只是用一般的模拟电路放大咪头采集到的声音。拾音器有三线制和四线制之分。三线制拾音器中，一般红色代表电源正极，白色代表音频正极，黑色代表信号及电源的负极（公共地）。四线制拾音器中一般红色代表电源正极，白色代表音频正极，音频负极和电源负极是分开的。拾音器产品通常分为有源和无源两种类型，按性能分为有声乐吉他和监控用拾音器。拾音器实物图，如图 2-1 所示。

图 2-1

1. 安装位置的选择

拾音器安装位置可以选择为：① 天花板吸顶或吊顶安装；② 墙面侧挂安装；③ 桌

面嵌入式安装；④ 埋墙隐蔽安装。

注意： 安装位置应尽量以谈话区域为中心。例如，审讯室可以安装在被审人附近；教室可以安装在讲台附近；小型会议室可以安装在天花板中央。安装原则为：尽量靠近主要的谈话区域，这样的拾音效果更佳。

2. 拾音器连接电缆的选择及布线

拾音器可以使用普通 4 芯电话线、5 类网络双绞线、屏蔽/非屏蔽信号电缆等。考虑到复杂的施工环境，推荐使用 0.5mm² 截面 3 芯信号电缆（即常用的 3×0.5 RVVP 电缆）。

拾音器供电一般分为两种，即独立供电和集中供电。

独立供电时（推荐稳压电源），信号就用 2×0.5 RVVP 电缆传输。

集中供电时（在机房集中供电），用 3×0.5 RVVP 芯电缆，分别为电源正、音频信号正、公共地。

电磁复杂环境中可以使用屏蔽电缆，其屏蔽层单端连接设备地，即拾音器（拾音器）一端的屏蔽网悬空，设备端的屏蔽网接设备地（机壳）。注意：布线时最好单独走线，不要同交流电等强电使用同一缆槽，同时应尽量远离变压器、灯具整流器等强电磁干扰设备。

2.1.2　麦克风

在视频监控系统中，麦克风主要应用在监控中心或门岗处，用于与前端拾音器进行对话。麦克风学名为传声器，是将声音信号转换为电信号的能量转换器件，由"Microphone"这个英文单词音译而来。麦克风也称话筒、微音器。20 世纪，麦克风由最初通过电阻转换声电发展为电感、电容式转换，大量新的麦克风技术逐渐发展起来，这其中包括铝带、动圈等麦克风，以及当前广泛使用的电容麦克风和驻极体麦克风。麦克风实物图，如图 2-2 所示。

在麦克风规格中，都会列出阻抗值（单位为欧［姆］，Ω），根据最大功率传输定理（Maximum Power Transfer Theorem），当负载阻抗和麦克风阻抗匹配时，负载的功率将达到最大值。不过在大部分阻抗不匹配的情况下，麦克风依然能使用，也因此造成这项规格并未受到太大的重视。一般而言，低于 600Ω 为低阻抗；介于 600Ω 至 10 000Ω 为中阻抗；高于 10 000Ω 为高阻抗。例如像 Shure SM58 这支麦克风的阻抗值为 300Ω。

图 2-2

3-pin XLR 接头可以产生平衡输出信号，可有效消除外来的噪声干扰。三支针脚会标明 1、2、3 三个数字。在美国规格中，1 代表接地线，2 代表正相（hot）信号，3 代表反相（cold）信号；在欧盟规格中，1 代表接地线，2 代表反相（cold）信号，3 代表正相（hot）信号。

2.2　视频采集设备介绍

视频监控系统中的视频采集设备主要是摄像机。从早期的模拟摄像机到现在的数字

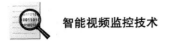

摄像机、网络摄像机，在形态、清晰度、功能方面都有了很大的提升，然而由于摄像机应用的场合复杂多样，如果不能根据监控场景正确地选配摄像机及附件，将无法有效地进行监视。

2.2.1　摄像机类型

摄像机按照信号输出模式分类，可以分为模拟摄像机、数字摄像机、网络摄像机。

模拟摄像机前端采用隔行扫描传感器将光信号转换成模拟电信号，接着由 DSP 进行 A/D 转换与色彩处理后，再做 D/A 转换，最后调制成 PAL/NTSC 制式电视标准视频信号输出。模拟摄像机接入后端监控录像设备，分辨率最高为 4CIF 或 D1，约 40 万像素。

数字摄像机采集视频信号后转为数字信号输出，信号一般不经过压缩，所以清晰度很高，但同时需要的带宽很大，输出的信号一般先输入至 DVR、视频矩阵、存储阵列等。

网络摄像机（IP Camera，IPC）是传统摄像机与网络视频技术相结合的新一代产品。摄像机传送来的视频信号经数字化处理后由高效压缩芯片压缩，通过网络总线传送到 Web 服务器。网络上用户可以直接用浏览器观看 Web 服务器上的摄像机图像，授权用户还可以控制摄像机云台镜头的动作或对系统配置进行操作。网络摄像机能更简单地实现监控特别是远程监控、更简单的施工和维护、更好的支持音频、更好的支持报警联动、更灵活的录像存储、更丰富的产品选择、更高清的视频效果和更完美的监控管理。另外，网络摄像机支持 WiFi 无线接入、3G 接入、POE 供电（网络供电）和光纤接入。

2.2.2　摄像机形态

摄像机产品型号众多，形态各样，目前市场上摄像机形态主要分为以下 4 种：枪形、半球形、球形、筒形。

枪形摄像机，是摄像机最开始的形态，默认不含镜头，能自由搭配各种型号镜头。安装方式吊装、壁装均可，室外安装一般要加配防护罩。枪形摄像机的应用范围则更加广泛，根据选用镜头的不同，可以实现远距离监控或广角监控，应用的场合也比半球摄像机广，枪形摄像机的变焦范围则取决于选用的镜头，可以从几倍到几十倍不等，而且镜头的更换比较容易。枪形摄像机实物图，如图 2-3 所示。

半球形摄像机，顾名思义就是其形状是半球，它仅仅是针对外形命名的。半球形摄像机由于体积小巧，外形美观，比较适合办公场所以及装修档次高的场所使用。其内部由摄像机、自动光圈手动变焦镜头、密封性能优异球罩和精密的摄像机安装支架组成。其最大的特点是设计精巧、美观且易于安装。半球形摄像机实物图，如图 2-4 所示。

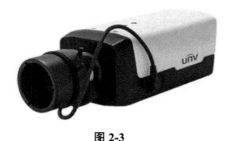

图 2-3

图 2-4

球形摄像机集彩色一体化机芯、云台、编码器、防护罩等多功能于一体，安装方便，使用简单，功能强大，广泛应用于开阔区域的监控，不同场合都可以使用。球形摄像机实物图，如图 2-5 所示。

筒形摄像机体积小巧、美观，在安装方面具有优势，集成了镜头、护罩、红外补光灯，甚至云台，性价比较高，易于工程实施，广泛应用于各种场合。筒形摄像机实物图，如图 2-6 所示。

图 2-5

图 2-6

除了以上 4 种最常见的摄像机形态，还有针孔摄像机（见图 2-7（a））、卡片摄像机（见图 2-7（b））、一体化云台摄像机（见图 2-7（c））等形态摄像机，在日常生活中也经常可以见到。

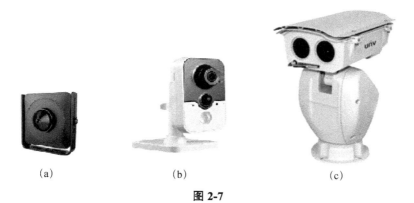

(a)   (b)   (c)

图 2-7

2.2.3 摄像机配件

监控仅有摄像机是不够的，尤其是枪形摄像机，为了满足在各种场景下监控的需要，还要与相关配件共同使用才能达到好的图像效果。常见的摄像机配件有镜头、防护罩、支架、补光灯和云台。

1. 镜头

镜头是与摄像机配合最重要的部件之一，它的好坏决定了成像的清晰度，正确选配镜头是成像清晰度的关键因素。

（1）镜头的分类

镜头的分类有很多种，常见的有以下 5 种。

① 固定光圈定焦镜头。固定光圈定焦镜头是相对较为简单的一种镜头，该镜头上只有一个可手动调整的对焦调整环（环上标有若干距离参考值），左右旋转该环就可使成在 CCD 靶面上的像最为清晰，此时在监视器屏幕上得到的图像也最为清晰。

由于采用的是固定光圈定焦镜头，因此在镜头上没有光圈调整环，也就是说该镜头的光圈是不可调的，因而进入镜头的光通量是不能通过简单地改变镜头因素而改变，而只能通过改变被摄现场的光照度来调整的，如增减被摄现场的照明灯光等。这种镜头一般应用于光照度比较均匀的场合，如室内全天以灯光照明为主的场合，通过电子快门的调整来模拟光通量的改变。

② 手动光圈定焦镜头。手动光圈定焦镜头比固定光圈定焦镜头增加了光圈调整环，其光圈调整范围一般可从 F1.2 或 F1.4 到全关闭，能很方便地适应被摄现场的光照度，然而由于光圈的调整是通过手动人为地进行的，一旦摄像机安装完毕，位置固定下来，再想要频繁地调整光圈就不那么容易了，因此，这种镜头一般也是应用于光照度比较均匀的场合，而在其他场合则须与带有自动电子快门功能的 CCD 摄像机合用，如早晚与中午、晴天与阴天等光照度变化比较大的场合，通过电子快门的调整来模拟光通量的改变。

③ 自动光圈定焦镜头。自动光圈定焦镜头在结构上与前两种镜头相比有了比较大的改变，它相当于在手动光圈定焦镜头的光圈调整环上增加一个由齿轮啮合传动的微型电动机，并从其驱动电路上引出 3 芯或 4 芯线传送给自动光圈镜头，致使镜头内的微型电动机相应做正向或反向转动，从而调节光圈的大小。自动光圈镜头又分为视频驱动型与直流驱动型两种规格。

④ 手动变焦镜头。顾名思义，手动变焦镜头的焦距是可变的，它有一个焦距调整环，可以在一定范围内调整镜头的焦距，其变焦一般为 2～3 倍，焦距一般在 3.6～8mm。在实际工程应用中，通过手动调节镜头的变焦环，可以方便地选择监视现场的视场角，如：可选择对整个房间的监视或是选择对房间内某个局部区域的监视。当对于监视现场的环境情况不十分了解时，采用这种镜头是非常重要的。

对于大多数视频监控系统工程来说，当摄像机安装位置固定下来后，再频繁地手动变焦是很不方便的，因此，工程完工后，手动变焦镜头的焦距一般很少再去调整，而仅仅起到定焦镜头的作用。因而手动变焦镜头一般用在要求较为严格而用定焦镜头又不易满足要求的场合。但这种镜头却受到工程人员的青睐，因为在施工调试过程中使用这种镜头，通过在一定范围的焦距调节，一般总可以找到一个可使用户满意的观测范围（不用反复更换不同焦距的镜头），这一点在外地施工中尤为显得方便。

⑤ 自动光圈电动变焦镜头。此种镜头与前述的自动光圈定焦镜头相比另外增加了两个微型电动机，其中一个电动机与镜头的变焦环啮合，当其受控而转动时可改变镜头的焦距（Zoom）；另一个电动机与镜头的对焦环啮合，当其受控而转动时可完成镜头的对焦（Focus）。由于该镜头增加了两个可遥控调整的功能，因而此种镜头也称为电动两可

变镜头。

自动光圈电动变焦镜头一般引出两组多芯线，其中一组为自动光圈控制线，其原理和接法与前述的自动光圈定焦镜头的控制线完全相同；另一组为控制镜头变焦及对焦的控制线，一般与云台镜头控制器及解码器相连。当操作远程控制室内云台镜头控制器及解码器的变焦或对焦按钮时，将会在此变焦或对焦的控制线上施加一个或正或负的直流电压，该电压加在相应的微型电动机上，使镜头完成变焦及对焦调整功能。

（2）如何选择镜头

在选择镜头时，需要根据监控目标的位置、距离、CCD 规格，以及监控目标在监控器上的图像效果等综合来进行考虑，以选择最合适焦距的镜头。比如，监控室内目标时，选择的焦距不会太大，一般会选择短焦距的手动变焦镜头，如 3.0～8.2mm、2.8～12.5mm 等；道路监控中，多车道要用焦距短一些的，如 6～15mm；城市治安监控一般会用到焦距更长一些的电动变焦镜头，如 6～60mm、8～80mm 等；高速公路、铁路、河道等开阔场景监控一般要用到大变倍长焦距的电动变焦镜头，如 10～220mm、13～280mm 等。镜头的选择，如图 2-8 所示。

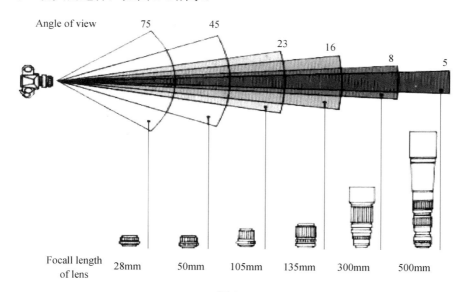

图 2-8

镜头的焦距决定了视野范围，焦距越大，监控距离越远，水平视角越小，监视范围越窄；焦距越小，监控距离越近，水平视角越大，监视范围越宽。成像场景的大小与成像物体的显示尺寸是互相矛盾的。例如，用同一个摄像机在同一个安装位置对走廊进行监视，选用短焦距镜头可以对整个走廊的全景进行监视并看到出入口的人员进出，但不能看清 10m 左右距离的人员的面貌特征；而选用长焦距镜头虽可以看清 10m 左右距离的人员的面貌特征（人员占据了屏幕上的大部分面积），却又不能监视到整个走廊的全貌，如图 2-9 所示。

10m   20m

6mm镜头

10m   20m

12mm镜头

图 2-9

摄取景物的镜头视场角是镜头极为重要的参数，镜头视场角随镜头焦距及摄像机规格大小而变化（其变化关系如前所述），覆盖景物镜头的焦距可用下述公式计算：

$$f=u\cdot D/U \qquad (1)$$
$$f=h\cdot D/H \qquad (2)$$

式中，f：镜头焦距；U：景物实际高度；H：景物实际宽度；D：镜头至景物实测距离；u：图像高度；h：图像宽度。

举例说明：

当选用 1/2″ 镜头时，图像尺寸为：图像高度为 u=4.8mm，图像宽度为 h=6.4mm，镜头至景物距离为 D=3500mm，景物的实际高度为 U=2500mm。

将以上参数代入公式（1）中，可得 f=4.8×3500/2500=6.72mm，故选用 6mm 定焦镜头即可。

选择镜头时，镜头靶面尺寸和摄像机传感器靶面尺寸需要对应，如图 2-10 所示。当镜头靶面尺寸与摄像机传感器靶面尺寸不一致时，应尽量选择比摄像机传感器靶面尺寸大的镜头，如 1/2.5 英寸的 CCD 摄像机，故应选择 1/2 英寸镜头，不能选择 1/3 英寸。

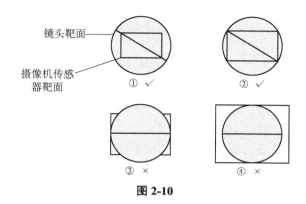

图 2-10

当镜头靶面尺寸比摄像机传感器靶面尺寸小，镜头无法覆盖传感器的所有面积，则在画面的四周会出现黑边的情况。

由于视频监控采用的摄像机绝大多数是日夜型摄像机，在白天光线充足时，拍摄彩色图像，夜晚光线不足时，拍摄黑白图像，以达到更好的图像效果。白天的全光谱光线，与夜晚的以红外光为主的光线，由于波长不同，很容易产生白天清晰，夜晚虚焦的情况。

日夜型镜头专门应对这种问题，尤其是夜间有红外补光灯时。日夜型镜头采用添加特殊元素的玻璃材料，提高了红外光波段的折射和聚焦率，使其更接近可见光的折射率水平，所以日夜型镜头可以做到白天和夜晚的共焦面，使监控画面全天候清晰。

（3）安装镜头

安装镜头时要注意，镜头有 C 型和 CS 型两种，两者的螺纹均为 1 英寸 32 牙，直径为 1 英寸，不同的是镜头距传感器靶面的间隔差异，C 型安装座从基准面到核心部件的间隔为 17.562mm，比 CS 型间隔传感器靶面多了一个专用接圈的长度，CS 型间隔传感器距核心部件间隔为 12.5mm。假如没有 CS 转接环，镜头与摄像头就不能正常聚焦，图像会变得模糊不清。大多数摄像机的镜头接口则做成 CS 型，因此将 C 型镜头安装到 CS 接口的摄像机时需增配一个 5 mm 厚的 CS/C 接口适配器（简称 CS/C 转接环），而将 CS 镜头安装到 CS 接口的摄像机时就不需接转接环。

在实际应用中，如果误对 CS 型镜头加装转接环后安装到 CS 接口摄像机上，会因为镜头的成像面不能落到摄像机的传感器靶面上而不能得到清晰的图像，而如果对 C 型镜头不加转接环就直接接到 CS 接口摄像机上，则可能使镜头的后镜面碰到传感器的靶面，造成摄像机的损坏，这一点在使用中需特别注意。

2. 防护罩

为了保证摄像机、镜头工作的可靠性，延长其使用寿命，必须给摄像机装配具有多种特殊性保护措施的外罩，称为防护罩。除此之外，防护罩还可以尽量防止对摄像机和镜头的人为破坏。防护罩按照使用地点的不同可分为室内型和室外型。

（1）室内防护罩

室内防护罩必须能够保护摄像机和镜头，使其免受灰尘、杂质和腐蚀性气体的污染，同时要能够配合安装地点达到防破坏的目的。室内防护罩一般使用涂漆或经阳极氧化处理的铝材、涂漆钢材、黄铜或塑料制成，如果使用塑料，应当使用耐火型或阻燃型塑料。防护罩必须有足够的强度，安装界面必须牢固，视窗的材料应该是清晰透明的安

15

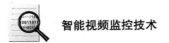

全玻璃或塑料（聚碳酸酯）。电气连接口的设计位置应该便于安装和维护。

（2）室外防护罩

摄像机工作温度一般为-20~60℃，而最合适的温度是 0~40℃，否则会影响图像质量，甚至损坏摄像机。因此室外型防护罩要适应各种气候条件，如风、雨、雪、霜、低温、曝晒、沙尘等。室外防护罩会因使用地点的不同而配置如遮阳罩、内装/外装风扇、加热器/除霜器、雨刷器、清洗器等辅助设备。

室外防护罩的辅助设备控制功能有自动控制和手动控制两种，像加热器/除霜器、风扇都是由防护罩内部的温度传感器自动启动或关闭的，而像雨刷器、清洗器等动作是由控制人员通过对控制设备的操作来实现的。

室外防护罩一般使用铝材、带涂层的钢材、不锈钢或可以使用在室外环境的塑料制造。制造材料必须能够耐受紫外线的照射，否则会很快出现裂纹、褪色、强度降低等老化现象。在需要护罩耐用、具有高安全度、可抵抗人为破坏的环境中应该使用不锈钢护罩。经过适当处理的铝护罩也是一种性能优良的护罩，处理方法有三种：聚氨酯烤漆、阳极氧化、阳极氧化加涂漆。在有腐蚀性气体的环境中不应该选择铝制或钢制护罩。在盐雾环境中应使用不锈钢或特殊塑料制成的护罩。另外为增加防护罩的安全性能，防止人为破坏，很多防护罩上还装有防拆开关，一旦防护罩被打开将发出报警信号。

一般利用常见的 IP（Ingress Protection）防护等级系统来将防护罩的防尘防水特性进行分级，IP 防护等级由两个数字所组成，第一个数字表示防尘、防外物侵入的等级，第二个数字表示电器防水侵入的密闭程度，数字越大表示其防护等级越高。

防尘等级的说明如表 2-1 所示。

表 2-1　防尘等级的说明

数字	防护范围	说明
5	防止外物及灰尘	完全防止外物侵入，虽不能完全防止灰尘侵入，但灰尘的侵入量不会影响电器的正常运作
6	防止外物及灰尘	完全防止外物及灰尘侵入

防水等级的说明如表 2-2 所示。

表 2-2　防水等级的说明

数字	防护范围	说明
5	防止喷射的水浸入	防止来自各个方向由喷嘴射出的水浸入电器而造成损坏
6	防止大浪浸入	装设于甲板上的电器，可防止因大浪的侵袭而造成的损坏
7	防止浸水时水的浸入	电器浸在水中一定时间或水压在一定的标准以下，可确保不因浸水而造成损坏
8	防止沉没时水的浸入	可完全浸于水中的结构，实验条件由生产者及使用者决定

3．支架

除了摄像机镜头外，摄像机支架也是所有监控点位必须配置的设备，支架是用于固定摄像机的部件，根据应用环境的不同，支架的形状也各异，如图 2-11 所示。

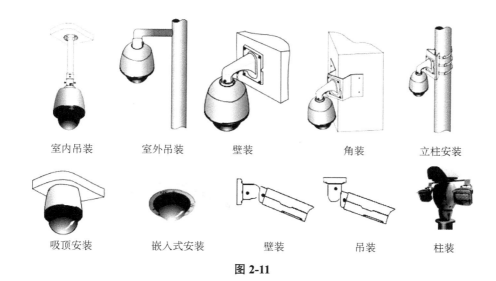

| 室内吊装 | 室外吊装 | 壁装 | 角装 | 立柱安装 |

| 吸顶安装 | 嵌入式安装 | 壁装 | 吊装 | 柱装 |

图 2-11

摄像机支架一般为小型支架，有注塑型和金属型两类，可直接固定摄像机，也可通过防护罩固定摄像机。摄像机支架一般具有万向调节功能，通过对支架的调整，即可将摄像机的镜头准确地对向被摄现场。

选择摄像机支架时主要应了解其承重的参数，尤其是安装在室内天花板上的嵌入式支架，需要了解吊顶是否能够承重，否则需要固定在天花板上。支架实物图，如图 2-12 所示。

图 2-12

4. 补光灯

摄像机需要 24 小时不间断地进行监控，室外由于时间的变化，白天与夜晚光线相差很大，在夜间补光的效果直接影响图像成像的好坏。常见的补光灯有白光补光灯与红外补光灯两种类型。

通过白光补光灯补光，摄像机拍摄的图像为彩色图像；通过红外补光灯补光，摄像机拍摄的图像为黑白图像。

白光补光灯的光源有 LED、金卤灯、荧光灯、高压钠、白炽灯、碘钨灯、氙气灯等，视频监控里通常通过 LED 灯进行补光，LED 也称为发光二极管，它有运行稳定、发热量低、低能耗、使用寿命长的特点。LED 白光补光灯经常用在道路监控上，在完全无环境光照明的情况下，LED 白光补光灯可以帮助摄像系统拍摄到清晰的车牌图像。

红外补光灯产品一般分为有红暴和无红暴两类：

● 有红暴产品通常使用波长为 850nm 的红外 LED 发射管，工作状态下会发出暗红色的光。

● 无红暴产品通常使用波长为 940nm 的红外 LED 发射管，工作状态下红外灯表明没有任何光亮，因此更隐蔽。

补光灯的开启，一般通过光敏电阻进行控制。光敏电阻是利用半导体的光电效应制成的一种电阻值随着光线强弱而变化的电阻，用于控制补光灯的开关。随着星光级摄像机越来越普及，补光灯的应用，尤其是红外补光灯在逐渐减少。

5. 云台

图 2-13

云台是承载摄像机进行水平和垂直两个方向转动的装置。云台可以扩大摄像机的监视角度和范围。云台由两台电动机实现定位，电动机接受来自控制器的信号精确地运行定位。云台实物图，如图 2-13 所示。

云台有多种，按照转动方向可分为水平云台和全方位云台，按照云台安装环境可分为室内云台和室外云台，室内云台和室外云台的防水、防尘等级不一样。

云台最重要的功能是控制摄像机的姿态，是由电动机驱动机械装置来实现的。水平云台内只安装了一个电动机，这个电动机负责水平方向的转动。全方位云台内装有两个电动机，这两个电动机一个负责水平方向的转动，另一个负责垂直方向的转动。除了控制摄像机的姿态外，云台还可以传递用来控制光圈、聚焦、变倍、雨刷、加热、红外等功能的指令。

在对云台进行控制时，控制设备和云台有三个参数必须保持一致：云台控制协议、硬件地址码、波特率。常用的云台控制协议有 PELCO-P、PELCO-D、AD 等，不同的云台控制协议互不兼容，所以要求控制设备和云台的云台控制协议保持一致。硬件地址码用于唯一地标记一个云台，用户在控制云台时，云台设备通过此地址码识别该控制命令是否是发给自己的。波特率是控制设备和云台设备通信的串口速率，需要保持一致。

在管理控制设备上，对云台的控制大部分情况下采用专用的线缆和接口协议，云台控制线缆多采用多芯屏蔽线，接口协议常见的有 RS-485 和 RS-422。

在选择云台时，首先应考虑载重量，将所有加载在云台上的设备重量总和并预留 20%；其次考虑云台的转速和角度，满足客户的需求；根据云台的安装环境选择室内/室外云台；根据选择的摄像机匹配所支持的云台控制协议，确定云台是否能够被控制；最后还要考虑供电、云台尺寸等是否满足现场安装需求。

2.2.4 摄像机特色功能

摄像机除了完成音视频采集工作，现在市场上的 IPC 还集成了部分易用性的特色功能，在一些特殊场景，可以按需选用。

1. 走廊模式

在走廊、地铁隧道、站台等狭长区域场景的监控中，关键的监管点往往是以过道为中心的区域。对于这些场景的监控，如果采用普通的高清摄像机，因图像比例为 16∶9，实际看到的范围会很宽，包含了大量无用信息，有效的监控范围往往只有全画面的 40%。此时如果采用 9∶16 的走廊模式，图像窄而长，可以大大提升有效监控范围，如图 2-14 所示。

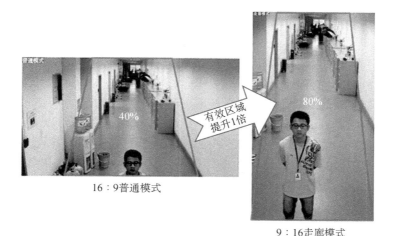

有效区域
提升1倍

16：9普通模式

9：16走廊模式

图 2-14

2. 电源反送

摄像机安装的场景各种各样，不可避免地在工程上会遇到取电难的问题，大部分的 IPC 可以通过 POE（Power Over Ethernet）供电的方式解决，一根网线既传输摄像机的数据又为摄像机提供直流电力。但是在建筑中，配合 IPC 使用的拾音器、报警器等外围设备由于成本低、功能简单，必须采用直流供电的方式。有的 IPC 集成了电源反送功能，可以为周边设备提供直流低压电源，提高了设备的易用性。

3. 区域增强（ROI）

ROI 的英文全称为 Region of Interest，意为感兴趣区域。在机器视觉图像处理中，被处理的图像以方框、圆、椭圆、不规则多边形等方式勾勒出需要处理的区域，称为感兴趣区域。该功能是从图像中选择的一个图像区域，这个区域是图像分析所关注的重点。圈定该区域以便进行进一步处理。使用 ROI 圈定目标，可以减少处理时间，增加精度，提高低带宽网络环境下重点区域图像的质量。

4. 网络自适应

IP 网络属于分组交换网络，所以网络丢包现象不可避免，网络对视频监控图像的清晰度有非常大的影响。常见的 4M 码流 1080P 的 UDP 视频流，每秒发送 300～500 个数据包，一旦出现丢包或延时，很容易造成图像卡顿，严重的时候基本就无法起到监控的作用，所以抗网络丢包功能也是网络摄像机的一个特色功能。业内最好的摄像机可以保证在 5%丢包情况下无明显卡顿，在网络复杂的监控系统中能够发挥重要作用，也是系统容错性能的重要指标。

5. 星光级低照度

在光照正常的环境下，星光级摄像机能够保持亮丽、正常成像效果；而当光线变暗，如昼夜转换时，星光级摄像机画面可以保持彩色、流畅和清晰无拖尾的低照度成像。星光级摄像机的出现，彻底解决了夜间监控的光线昏暗不清图像或是红外灯下黑白图像的问题。一般来说，主流厂商通过配置高清镜头、采用低照度感光器件、优化 ISP 图像处理性能三方面入手，获取更高画质的低照度效果。星光级低照度摄像机通常以最低照度来衡量优劣，星光级低照度可以达到 0.001Lux（勒克斯）

及以下。

6. 经纬度信息采集

在平安城市或大型园区中，管理的摄像机数以千计，往往需要借助 GIS（Geographic Information System，地理信息系统）系统对其进行管理。为了让用户更直观地观看，摄像机的经纬度信息记录在视频管理平台上，对应的 GIS 系统也会在地图上自动生成摄像机图标，表示该地点存在某一型号的摄像机，可以在地图上选择图标直接查看实况画面，便于应用。通常可采用人工方式手动添加，但往往存在经纬度信息不准确的问题。通过摄像机自带的经纬度信息采集模块，可以自动采集摄像机所在的经纬度，准确在地图上进行标志。

7. 高压缩比算法

用最低的带宽传输最高质量的图像，这是视频领域追求的技术方向。同样的图像质量若能够使用更低的带宽实现，则可以节省网络带宽和存储成本，具有极大的市场意义。从理论上讲新一代的压缩算法比上一代的效率高，但是在同样的算法中，不同厂商实现的效果也不同，也会导致同样的图像质量，所需要的带宽不一样。比如宇视科技的 U-Code 算法（其工作原理为：将一副画面中的静态和动态画面通过智能分析技术分离开来，建立背景模型并提取动态目标，采用不同编码方式编码、整合；针对未变化的环境，减少重复编码，从而可以提高编码效率，最终降低了码率，节省了存储空间），经过测试，1080P 画质图像至少需要 4M 码流；采用 H.265 编码，可降至 2M 码流，使用宇视科技的 H.265 U-Code 算法，同样画质下的平均码流不超过 1M 码流。宇视科技的 U-Code 组网方案，如图 2-15 所示。

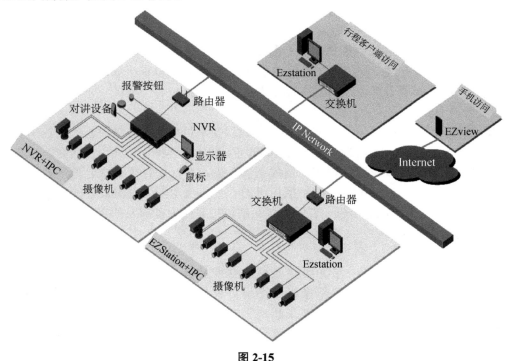

图 2-15

2.3　音视频基础知识

视频监控最重要的是能够监视监听得清楚，在正常情况下摄像机的默认参数都可以适应，但是在一些特殊场合，需要对摄像机的图像参数做些微调。常见的与音视频图像相关的专业术语有采样、压缩、宽频语音、白平衡、锐度、饱和度等，各自代表什么含义，调整它们对音视频效果有什么影响，是本小节要掌握的内容。

2.3.1　音频基础知识

声音是通过空气传播的一种连续的波，叫声波。声音的强弱体现在声波压力的大小上，音调的高低体现在声音的频率上。声音用电表示时，声音信号在时间和幅度上都是连续的模拟信号。声音的数字信号实际上就是采样和量化，连续时间的离散化则通过采样来实现。

奈奎斯特理论（采样定理）指出，采样频率不应低于声音信号最高频率的两倍，这样才能把以数字表达的声音还原成原来的声音。采样的过程就是抽取某点的频率值，很显然，在一秒钟内抽取的点越多，获取的频率信息更丰富，为了复原波形，一次振动中，必须有 2 个点的采样。人耳能够感觉到的最高频率为 20kHz，因此要满足人耳的听觉要求，则需要至少每秒进行 40k 次采样，用 40kHz 表达，这个 40kHz 就是采样率。常见的 CD，采样率为 44.1kHz。电话话音的信号频率约为 3.4 kHz，采样频率就选 8 kHz。常见的音频录制时的采样率和量化位数，如表 2-3 所示。

表 2-3　常见的音频录制时的采样率和量化位数

格式	声音录制格式	从数字音频接口输入输出
DVD	杜比数字	杜比数字位信号
	线性 PCM	线性 PCM（48kHz 采样/16bit 或 24bit 等）
CD	线性 PCM	线性 PCM（44.1kHz 采样/16bit）

声音光有频率信息是不够的，还必须记录声音的幅度。量化位数越高，能表示的幅度的等级数越多。例如，每个声音样本用 3bit 表示，测得的声音样本值是在 0～8 的范围内。常见的 CD 位 16bit 的采样精度，即音量等级个数为 2^{16}。样本位数的大小影响到声音的质量，位数越多，声音的质量越高，而需要的存储空间也越多。

经过采样、量化得到的 PCM 数据就是数字音频信号了，可直接在计算机中进行传输和存储。但是这些数据的体积太庞大了！为了便于存储和传输，就需要进一步压缩，此时就出现了各种压缩算法，将 PCM 转换为 MP3、AAC、WMA 等格式，在视频监控系统中，最常见的格式是 PCM 和 AAC 格式。

未压缩的音频是一种没经过任何压缩的简单音频。例如 PCM 或 WAV 音轨。所谓无损压缩格式，顾名思义，就是毫无损失地将声音信号进行压缩的音频格式。常见的像 MP3、WMA 等格式都是有损压缩格式，相比于作为源的 WAV 文件，它们都有相当程度的信号丢失，这也是它们能达到 10%的压缩率的根本原因。而无损压缩格式，就好比用 ZIP 或 RAR 这样的压缩软件去压缩音频信号，得到的压缩格式还原成 WAV 文件，与作为源的 WAV 文件是一模一样的。目前常见的无损压缩格式有 APE、FLAC、LPAC。无损压缩的不足之处就是占用空间大，压缩比不高。有损压缩就是在压缩过程中会舍弃一些细节，也就是压缩是不可逆的。有损压缩包括 AC3、DTS、AAC、MPEG-1/2/3 的音频部分。

在视频监控系统中，常见的音频编码格式有以下几种：

● PCM（Pulse Code Modulation），即脉冲编码调制，指模拟音频信号只经过采样、模数转换直接形成的二进制序列，未经过任何编码和压缩处理。PCM 编码最大的优点就是音质好，最大的缺点就是体积大。在计算机应用中，能够达到最高保真水平的就是 PCM 编码。常见的 PCM 编码有 G.711U 和 G.711A。

● AAC 代表 Advanced Audio Coding（高级音频解码），是一种由 MPEG-4 标准定义的有损音频压缩格式。它被认为是 MP3 的继承者。其实，AAC 的技术早在 1997 年就成型了，当时被称为 MPEG-2 AAC，但是随着 2000 年 MPEG-4 音频标准的出台，MPEG-2 AAC 被用在这一标准中，同时追加了一些新的编码特性，所以它就改称为 MPEG-4 AAC。与 MP3 不同，AAC 的技术掌握在多家厂商手中，这使得 AAC 编码器非常多，既有纯商业的编码器，也有完全免费的编码器。纯商业的编码器如 Fraunhofer IIS 的 FhG、杜比公司的 Dolby AAC，免费的有 Free AAC、苹果公司的 iTune，Nero 也通过它的 Nero 6 提供了 Nero AAC。AAC 是一种高压缩比的音频压缩算法，它的压缩比可达 20∶1，远远超过了 AC-3、MP3 等较老的音频压缩算法。一般认为，AAC 格式在 96Kbps 码率的表现超过了 128Kbps 的 MP3 音频。AAC 另一个引人注目的地方就是它的多声道特性，它支持 1～48 个全音域音轨和 15 个低频音轨。除此之外，AAC 最高支持 96kHz 的采样率，其解析能力足可以和 DVD-Audio 的 PCM 编码相提并论，因此，它得到了 DVD 播放的支持，成为下一代 DVD 的标准音频编码。AAC 的比特率范围 8～320Kbps，可适应不同场合应用的需要。

2.3.2 视频基础知识

清晰的图像是视频监控系统首要目标，图像效果除了与现场的环境、光线有关，摄像机、显示器本身的配置参数也会极大地影响成像。常见的如分辨率、逐行扫描与隔行扫描、帧率与码流等都是在选用设备时需要考虑的因素。

1. 分辨率

在视频监控系统中常见的分辨率有显示分辨率和图像分辨率，只有当显示分辨率大于等于图像分辨率时，才能使系统达到最优的图像效果。

显示分辨率是显示器在显示图像时的分辨率，分辨率是用点来衡量的，显示器上这个"点"就是指像素（Pixel）。显示分辨率的数值是指整个显示器所有可视面积上水平像素和垂直像素的数量。例如 1920×1080 的分辨率，是指在整个屏幕上水平显示 1920 个像素，垂直显示 1080 个像素，合起来有 2073600 像素点。

图像分辨率是指图像中存储的信息量，像素密度的度量方法。对于同样大小的一幅图，组成该图像像素数目越多，则图像分辨率越高，图像信息量越大，图像越逼真。分辨率、像素与比例的关系，如表 2-4 所示。

表 2-4　分辨率、像素与比例的关系

序号	分辨率	像素	比例
1	CIF	352×288	11∶9
2	VGA	640×480	4∶3
3	PAL/4CIF	768×576	4∶3
4	SVGA	800×600	4∶3
5	XGA	1024×768	4∶3
6	720	1280×720	16∶9
7	SXGA	1280×1024	25∶16
8	WSUVGA+ （WSUGA/HDTV/1080）	1920×1080	16∶9
9	2K	2048×1080	16∶9
10	UWXGA	2560×1600	16∶10
11	4K	4196×2160	16∶9

2. 逐行扫描与隔行扫描

显示器分隔行扫描和逐行扫描两种扫描方式。逐行扫描相对于隔行扫描是一种先进的扫描方式，它是指显示屏显示图像进行扫描时，从屏幕左上角的第一行开始逐行进行扫描，整个图像扫描一次完成。因此图像显示画面闪烁小，显示效果好。先进的显示器大都采用逐行扫描方式。

由于视觉暂留效应，人眼将会看到平滑的运动而不是闪动的半帧半帧的图像。但是这种方法造成了两幅图像显示的时间间隔比较大，从而导致图像画面闪烁较大。因此该种扫描方式较为落后，通常用在早期的显示产品中。

每一帧图像由电子束顺序地一行接着一行连续扫描而成，这种扫描方式称为逐行扫描。把每一帧图像通过两场扫描来完成的则是隔行扫描，在两场扫描中，第一场（奇数场）只扫描奇数行，依次扫描 1、3、5…行，而第二场（偶数场）只扫描偶数行，依次扫描 2、4、6…行。隔行扫描技术在传送信号带宽不够的情况下起了很大作用，逐行扫描和隔行扫描的显示效果主要区别在稳定性上面，隔行扫描的行间闪烁比较明显，逐行扫描克服了隔行扫描的缺点，画面平滑自然无闪烁。在电视的标准显示模式中，I 表示隔行扫描，P 表示逐行扫描。

3. 帧率与码流

帧率（Frame Rate）是用于测量显示帧数的量度。所谓的测量单位为每秒显示帧数（Frames per Second，FPS）或"赫兹"（Hz）。

由于人类眼睛的特殊生理结构，如果所看画面之帧率高于 24，就会认为是连贯的，此现象称之为视觉暂留。这也就是为什么电影胶片是一格一格拍摄出来的，然后快速播放。高的帧率可以得到更流畅、更逼真的动画。每秒钟帧数越多，FPS 值越大，所显示的视频动作就会越流畅，所需要的码流就越大。

码流（Data Rate），是指视频文件在单位时间内使用的数据流量，也叫码率，是视频编码中画面质量控制最重要的部分。在同样的分辨率及帧率下，视频文件的码流越大，压缩比就越小，画面质量就越高。

4．主流视频编解码

视频编解码协议决定了同等带宽条件下传输图像的质量，或相同图像质量所需要的带宽大小。一般而言，新的协议标准比老的协议标准算法上有所改进，传输效率会更高，但是对运行该协议的硬件要求也相对提高。在视频监控系统中，主流的视频编解码协议有 MPEG-2、MPEG-4、H.263、H.264、H.265，目前 H.265 是市场上最流行的视频编解码协议。

（1）MPEG

MPEG（Moving Picture Experts Group，动态图像专家组）是 ISO（International Standardization Organization，国际标准化组织）与 IEC（International Electrotechnical Commission，国际电工委员会）于 1988 年成立的专门针对运动图像和语音压缩制定国际标准的组织。MPEG 标准主要有以下 5 个，即 MPEG-1、MPEG-2、MPEG-4、MPEG-7 及 MPEG-21。该专家组专门负责为 CD 建立视频和音频标准，而成员都是为视频、音频及系统领域的技术专家，它成功地将声音和影像的记录脱离传统的模拟方式，建立了 ISO/IEC11172 压缩编码标准，并制定出 MPEG-格式，令视听传播方面进入了数码化时代。因此，大家现时泛指的 MPEG-X 版本，就是由 ISO（International Organization for Standardization）所制定而发布的视频、音频、数据的压缩标准。

在视频监控系统中常见的是 MPEG-2、MPEG-4 两种标准。

MPEG-2 制定于 1994 年，其设计目标是高级工业标准的图像质量。

MPEG-2 所能提供的传输率在 3～10Mbps 间，其在 NTSC 制式下的分辨率可达 720×486，MPEG-2 也可提供广播级的视像和 CD 级的音质。MPEG-2 的音频编码可提供左右中及两个环绕声道，以及一个加重低音声道，和多达 7 个伴音声道。由于 MPEG-2 在设计时的巧妙处理，使得大多数 MPEG-2 解码器也可播放 MPEG-1 格式的数据，如 VCD。

同时，由于 MPEG-2 出色的性能表现，已能适用于 HDTV，使得原打算为 HDTV 设计的 MPEG-3，还没出世就被抛弃了（MPEG-3 要求传输速率在 20～40Mbps 间，但这将会使画面有轻度扭曲）。除了作为 DVD 的指定标准外，MPEG-2 还可用于为广播、有线电视网、电缆网络以及卫星直播（Direct Broadcast Satellite）提供广播级的数字视频。

MPEG-2 的另一个特点是，其可提供一个较广的范围来改变压缩比，以适应不同的画面质量，存储容量，以及带宽的要求。

对于最终用户来说，由于受到现存电视机分辨率的限制，MPEG-2 所带来的高清晰度画面质量（如 DVD 画面）在电视上效果并不明显，倒是其音频特性（如加重低音，多伴音声道等）更引人注目。

MPEG-4 标准主要应用于视频电话（Video Phone）、电子新闻（Electronic News）等，其传输速率要求较低，在 4800～64000bps 之间，分辨率为 176×144。

IP-3400 MPEG-4 网络摄像机 MPEG-4 利用很窄的带宽，通过帧重建技术，压缩和传输数据，以求以最少的数据获得最佳的图像质量。

（2）H.264

H.264 是国际标准化组织（ISO）和国际电信联盟（ITU）共同推出的继 MPEG-4 之后的新一代数字视频压缩格式，也是目前视频监控系统中采用的主流编解码协议。H.264 是 ITU-T 以 H.26x 系列为名称命名的视频编解码技术标准之一。

H.264 协议所具有以下优点：

● 低码率（Low Bit Rate）。和 MPEG-2 和 MPEG-4 ASP 等压缩技术相比，在同等图像质量下，采用 H.264 技术压缩后的数据量只有 MPEG-2 的 1/8，MPEG-4 的 1/3。

● 高质量的图像。H.264 能提供连续、流畅的高质量图像（DVD 质量）。

● 容错能力强。H.264 提供了解决在不稳定网络环境下容易发生的丢包等错误的必要工具。

● 网络适应性强。H.264 提供了网络抽象层（Network Abstraction Layer），使得 H.264 的文件能容易地在不同网络上传输（例如互联网、CDMA、GPRS、WCDMA、CDMA2000 等）。

H.264 最大的优势是它具有很高的数据压缩比率，在同等图像质量的条件下，H.264 的压缩比是 MPEG-2 的 2 倍以上，是 MPEG-4 的 1.5～2 倍。例如，原始文件的大小如果为 88GB，采用 MPEG-2 压缩标准压缩后变成 3.5GB，压缩比为 25：1，而采用 H.264 压缩标准压缩后变为 879MB，从 88GB 到 879MB，H.264 的压缩比达到惊人的 102：1。低码率（Low Bit Rate）对 H.264 的高压缩比起到了重要的作用，和 MPEG-2、MPEG-4 ASP 等压缩技术相比，H.264 压缩技术将大大节省用户的下载时间和数据流量收费。尤其值得一提的是，H.264 在具有高压缩比的同时还拥有高质量流畅的图像，正因为如此，经过 H.264 压缩的视频数据，在网络传输过程中所需要的带宽更少，也更加经济。

（3）H.265

H.265 是 ITU-T VCEG 继 H.264 之后所制定的新的视频编码标准。H.265 标准围绕着现有的视频编码标准 H.264，保留原来的某些技术，同时对一些相关的技术加以改进。新技术使用先进的技术用以改善码流、编码质量、延时和算法复杂度之间的关系，使之达到最优化设置。具体的研究内容包括：提高压缩效率、提高鲁棒性和错误恢复能力、减少实时的时延、减少信道获取时间和随机接入时延、降低复杂度等。H.264 由于算法优化，可以以低于 1Mbps 的速度实现标清数字图像传送；H.265 则可以实现利用 1～2Mbps 的传输速度传送 720P（分辨率 1280×720）普通高清音视频。H.265/HEVC 的编码架构大致上和 H.264/AVC 的架构相似，在相同的图像质量下，相比于 H.264，通过 H.265 编码的视频大小将减小 39%～44%，在码率减小 51%～74%的情况下，H.265 编码视频的质量还能与 H.264 编码视频近似甚至更好，其本质上说是比预期的信噪比（PSNR）要好。

从图 2-16 中可以清晰地看出各种视频编码协议在不同带宽下所能达到的质量，可以看出目前 H.265 协议在同等带宽下图像质量最好，同等图像质量下所需要的带宽最少。

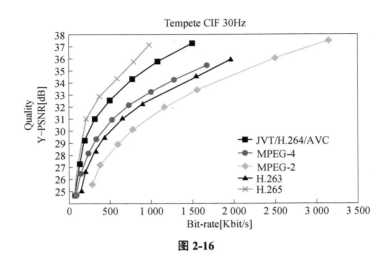

图 2-16

5. I 帧、P 帧与 GOP

在视频压缩中，每帧代表一幅静止的图像。而在实际压缩时，会采取各种算法以减少数据的容量，其中 I 帧与 P 帧就是最常见的。

简单地说，I 帧是关键帧，属于帧内压缩，就是和 AVI 的压缩是一样的。P 表示向前搜索，基于 I 帧来压缩数据。I 帧表示关键帧，可以理解为这一帧画面的完整保留；解码时只需要本帧数据就可以完成（因为包含完整画面）。P 帧表示的是这一帧跟之前的一个关键帧（或 P 帧）的差别，解码时需要用之前缓存的画面叠加上本帧定义的差别，生成最终画面（也就是差别帧，P 帧没有完整画面数据，只有与前一帧的画面差别的数据）。

GOP 全英文为 Group of Pictures，意为策略影响编码质量。所谓 GOP，意思是画面组，一个 GOP 就是一组连续的画面。一个是 GOP 图像组的长度，一般可按编码方式从 1－15。在理论上记录为 N，即多少帧里面出现一次 I 帧。在视频监控系统中，画面出现"呼吸效应"时，往往会通过调整 GOP、减少 I 帧频率来缓解该现象。所谓的呼吸效应就是，两帧的清晰度差别较大，出现清晰-模糊交替变换的情况。

6. 曝光

曝光，是指被摄影物体发出或反射的光线，通过照相机镜头投射到感光片上，使之发生化学或物理变化，产生显影的过程。

曝光过程就是光圈和快门的组合。光圈（值）大小其实就是照相机中小圆窗户开多大，快门（速度）就是窗户打开多久。假设小圆窗户只打开 1/4，时间为 4 秒钟可以正确曝光的话，很显然，窗户打开一半，时间 2 秒钟也能让底片正确曝光，因为 1/4×4=1/2×2=1，进光量都是一样多的。同样的，如果小圆窗户全开，曝光时间就只需要 1 秒就够了。假若一个镜头光圈全开为 F4，用摄影行话来说，光圈 F4 快门速度 1 秒为正确曝光值，那 F5.6 和 2 秒以及 F8 和 4 秒也同样能得到准确曝光的图片。因此，一张正确曝光的图片可以有 N 种不同的光圈和快门速度组合。

7. 快门

快门是摄像机用来控制感光片有效曝光时间的机构，与照相机使用原理一样。一般而言快门的时间范围越大越好。快门有效曝光时间秒数低适合拍运动中的物体，快门的有效曝光时间最快能到 1/16000 秒，可轻松抓住急速移动的目标。不过当你要拍的是夜晚的车水马龙，快门有效曝光时间就要拉长，同时夜间慢快门进光量大，图像明亮。快门速度的快慢会反映出画面的不同动感。

8. 曝光补偿

曝光补偿是一种曝光控制方式，一般常见在±2～3EV，如果环境光源偏暗，即可增加曝光值（如调整为+1EV、+2EV）以凸显画面的清晰度。曝光补偿就是有意识地变更摄像机自动演算出的"合适"曝光参数，让图像更明亮或者更昏暗的方法。一般来说摄像机会通过变更光圈值或者快门速度来进行曝光值的调节。一般而言，在亮光的环境下，测光时有偏低的状况，需要增加曝光补偿，反之亦然。

9. 宽动态

宽动态技术是在非常强烈的对比下让摄像机看到影像的特色而运用的一种技术。当在强光源（日光、灯具或反光等）照射下的高亮度区域及阴影、逆光等相对亮度较低的区域在图像中同时存在时，摄像机输出的图像会出现明亮区域因曝光过度成为白色，而黑暗区域因曝光不足成为黑色，严重的会影响图像质量。摄像机在同一场景中对最亮区域及较暗区域的表现是存在局限的，这种局限就是通常所讲的"动态范围"。宽动态范围是图像能分辨最亮的亮度信号值与能分辨的最暗的亮光信号值的比值，宽动态的表现方式以"倍数"或"dB"来表示。宽动态原理是同一时间曝光两次，一次快，一次慢，再进行合成使得能够同时看清画面上亮与暗的物体。通常在监控系统中走廊尽头有窗的地方，写字楼大堂对着门的地方等均需要宽动态摄像机。

10. 景深

景深是指在摄影机镜头或其他成像器前沿能够取得清晰图像的成像所测定的被摄物体前后距离范围。在聚焦完成后，在焦点前后的范围内都能形成清晰的像，这一前一后的距离范围，便是景深。在镜头前方（调焦点的前、后）有一段一定长度的空间，当被摄物体位于这段空间内时，其在底片上的成像恰好位于焦点前后这两个弥散圆之间。被摄体所在的这段空间的长度，就叫景深。换言之，在这段空间内的被摄体，其呈现在底片面的影像模糊度，都在容许弥散圆的限定范围内，这段空间的长度就是景深。

当摄像机的镜头对着某一物体聚焦清晰时，在镜头中心所对的位置垂直镜头轴线的同一平面的点都可以在传感器上获得相当清晰的图像，在这个平面沿着镜头轴线的前面和后面一定范围的点也可以结成眼睛可以接受的较清晰的像点，把这个平面的前面和后面的所有景物的距离叫做相机的景深。与光轴平行的光线射入凸透镜时，理想的镜头应该是所有的光线聚集在一点后，再以锥状扩散开来，这个聚集所有光线的一点，就叫做焦点。在焦点前后，光线开始聚集和扩散，点的影像变成模糊的，形成一个扩大的圆，这个圆就叫做弥散圆。

光圈、镜头及拍摄物的距离是影响景深的重要因素：

（1）光圈越大（光圈值 f 越小）景深越浅，光圈越小（光圈值 f 越大）景深越深。

（2）镜头焦距越长景深越浅，反之景深越深。

（3）主体越近，景深越浅，主体越远，景深越深。

11. 锐度

锐度，有时也叫"清晰度"，它是反映图像平面清晰度和图像边缘锐利程度的一个指标。如果将锐度调高，图像平面上的细节对比度也会更高，看起来更清楚。比如，在高锐度的情况下，不但画面上人脸的皱纹、斑点更清楚，而且脸部肌肉的鼓起或凹下也可表现得栩栩如生。在另一种情况下，即垂直方向的深色或黑色线条，或黑白图像突变的地方，在较高锐度的情况下，线条或黑白图像突变的交接处，其边缘更加锐利，整体画面显得更加清楚。因此，提高锐度，实际上也就是提高了清晰度，这是人们需要的、好的一面。

但是，并不是将锐度调得越高越好。如果将锐度调得过高，则会在黑线两边出现白色线条的镶边，图像看起来失真而且刺眼。这种情况如果出现在块面图像上，图像就会显得严重失真，不堪入目。比如，这种情况出现在不大的人脸图像上时，不但在人脸的边缘会出现白色镶边，而且在发际、眉毛、眼眶、鼻子、嘴唇这些黑色和阴影部位边上也会出现白色镶边，看起来很不顺眼。可见，锐度太高虽然提高了清晰度，但又会使图形走样。所以，为了获得相对清晰而又真实的图像，锐度应当调得合适。

12. 对比度

对比度指的是一幅图像中明暗区域最亮的白和最暗的黑之间不同亮度层级的测量，差异范围越大代表对比度越大，差异范围越小代表对比度越小，好的对比度 120∶1 就可容易地显示生动、丰富的色彩，当对比度高达 300∶1 时，便可支持各阶的颜色。但对比度遭受和亮度相同的困境，现今尚无一套有效又公正的标准来衡量对比度，所以最好的辨识方式还是依靠使用者的眼睛。

在暗室中，对比度指白色画面（最亮时）下的亮度除以黑色画面（最暗时）下的亮度，更精准地说，对比度就是把白色信号在 100% 和 0% 的饱和度相减，再除以用 Lux（光照度，即勒克斯，每平方米的流明值）为计量单位下 0% 的白色值（0% 的白色信号实际上就是黑色），所得到的数值。对比度是最白与最黑亮度单位的相除值。因此白色越亮、黑色越暗，对比度就越高。严格来讲对比度是屏幕上同一点最亮时（白色）与最暗时（黑色）的亮度的比值，不过通常产品的对比度指标是就整个屏幕而言的，例如一个屏幕在全白屏状态时亮度为 500cd/m^2，全黑屏状态亮度为 0.5cd/m^2，这样屏幕的对比度就是 1000∶1。

13. 饱和度

饱和度可定义为彩度除以明度，与彩度同样，可以表征彩色偏离同亮度灰色的程度。注意，饱和度与彩度完全不是同一个概念。但由于其和彩度决定的是出现在人眼里的同一个效果，所以才会出现视彩度与饱和度为同一概念的情况。

饱和度指色彩的纯洁性，也叫饱和度或彩度，是"色彩三属性"之一。如大红就比玫红显得更红，这就是说大红的色度要高。它是 HSV 色彩属性模式、孟塞尔颜色系统等的描述色彩变量。各种单色光是最饱和的色彩，物体的色饱和度与物体表面反色光谱的选择性程度有关，越窄波段的光反射率越高，也就越饱和。对于人的视觉，每种色彩的饱和度可分为 20 个可分辨等级。从广义上说，黑白灰是"色度=0"的颜色。各种不同的色彩模型对色度有不同的量化模式。

14. 白平衡

白平衡，字面上的理解是白色的平衡。白平衡是描述显示器中红、绿、蓝三基色混合生成后白色精确度的一项指标。白平衡是电视摄像领域一个非常重要的概念，通过它可以解决色彩还原和色调处理的一系列问题。白平衡是随着电子影像再现色彩真实而产生的，在专业摄像领域白平衡应用得较早，现在家用电子产品（家用摄像机、数码照相机）中也被广泛地使用，然而技术的发展使得白平衡调整变得越来越简单容易，但许多使用者还不甚了解白平衡的工作原理，理解上存在诸多误区。它可以实现摄像机图像能精确反映被摄物的色彩状况，有手动白平衡和自动白平衡等方式。许多人在使用数码摄像机拍摄的时候都会遇到这样的问题：在日光灯的房间里拍摄的影像会显得发绿，在室内钨丝灯光下拍摄出来的景物就会偏黄，而在日光阴影处拍摄到的照片则莫名其妙地偏蓝，其原因就在于白平衡的设置上。

2.4 音视频智能应用

随着视频监控系统中音视频的质量越来越高，数据量越来越大，单纯使用人力去管理所有的监控点位，实时发现异常，已经逐渐成为安防系统的瓶颈。音视频的智能应用的出现，缓解了人力压力，能够减轻人力及注意力不足的问题，在突发事件来临的第一时间发出提醒或警告，让视频监控系统的使用者能够注意到。

1. 音频智能应用

在一般环境中，声音往往是出现突发情况的先兆，所以在视频监控系统中，采集音频的同时也可以对其进行监测，以便有异常时及时发现。

常见的将音频作为报警或监视触发器的因素，用户自行设置音频阈值，一旦声音超过阈值范围，立刻发送异常信号。可以将监控摄像机引向到声源处，也可以触发报警，对音视频进行存储等。

2. 视频智能应用

视频智能应用是计算机图像视觉技术在安防领域应用的一个分支，主要针对目标行为。视频采集端的智能算法首先将场景中的背景和目标分离，识别出真正的目标，去除背景干扰（如光线变化、风吹草动），进而分析并追踪在摄像机场景内出现的目标行为。通过将场景中背景和目标进行分离进而分析并追踪在摄像机场景内出现的目标。用户可以根据视频内容分析功能，通过在不同摄像机的场景中预设不同的规则，一旦目标在场景中出现了违反预定义规则的行为，系统会自动发出信令，联动用户预订的动作进行反应并采取相关措施。目前，智能视频分析技术广泛应用于公共安全相关系统、建筑智能化、智能交通等领域。

早期的智能应用多数基于后端服务器的方式，该方式对后端服务器资源占用较高，不便于大规模分布式部署。目前，市场上常见的是 IPC 自带智能算法，通过 DSP（Digital Signal Processor，数字信号处理）芯片计算实现智能功能，极大地减轻了大型系统中的存储成本和网络带宽的开销。

常见的视频智能应用有：区域入侵检测；人脸识别；物品遗留检测；人数统计；徘徊检测；物品丢失检测；摄像机遮挡检测；打架斗殴检测；自动跟踪；人群密度检测；车牌识别；车辆逆行、压线违章识别；车辆闯红灯检测；车辆类型识别；车辆违章停车抓拍；车道流量统计。

安防行业一般将智能算法分为两类，一类定义为"泛智能"，另一类定义为"专业智

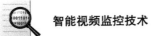

能"。顾名思义，"泛智能"指智能算法的精度要求较低，还存在误检、漏检率较高的问题，不适应于大规模商用；"专业智能"相对而言对硬件性能要求较高，算法精度也比较高，可以实现大规模应用。

本章小结

在视频监控系统中，音视频采集是非常重要的环节，只有高清晰的图像效果，才能为之后业务应用打下良好的基础。本章从音视频采集设备入手，首先介绍了市场上主流的摄像机类型、形态、相关配件，以及摄像机的易用性特色功能；其次简要说明了音视频相关的基础知识，明确相关专用名词的概念；最后介绍了视频监控系统中典型的音视频智能应用。

第3章 视频数据传输技术

主要内容

（1）视频传输线缆、接口；

（2）网络传输基础知识；

（3）视频监控数据传输技术。

视频监控系统是一个音视频信息采集系统，需要把分散在不同地点的音视频等信息集中起来进行分析和处理。早期模拟视频监控系统采用视频基带传输技术，基带频率约为8MHz 带宽，最常用的传输介质是同轴电缆（SYV-75Ω）。当距离较远时，需要通过视频放大器以增强视频的亮度、色度和同步信号，但线路中干扰信号也会被放大，所以不能串接太多视频信号放大器，否则会出现图像失真。距离更远时可以采用光纤传输方式，它具有衰减小、频带宽、不受电磁干扰、重量轻等一系列优点。各种异构设备组成的系统，管理复杂，维护难度大。然而数字编解码技术的出现，通过 IP 网络传输音视频信息以及管理信令的数字信号，无论多远的距离都无衰减，开创了远距离、大规模视频监控系统的新时代。

本章主要介绍视频监控系统中常见的接口、线缆，重点介绍目前市场上主流的 IP 网络基础知识，以及常见的视频监控数据传输技术。

3.1 视频数据传输技术基础

视频监控系统必须通过传输系统来传递信息，传输的对象有 5 种，分别是视频信息、音频信息、图片信息、数据信息和控制信令。其中视频信息是视频监控系统中占比最高、传输方式最多的数据。

3.1.1 常见视频接口与线缆

1. BNC（Bayonet Nut Connector）接口

BNC 实物图，如图 3-1 所示。BNC 接口用于 75Ω 同轴电缆连接中，提供收（RX）、发（TX）两个通道，它用于非平衡信号的连接，视频监控系统中多用于摄像机、编码器、DVR、解码器等设备。

图 3-1

2. RCA（Radio Corporation of American）接口

RCA 实物图，如图 3-2 所示。RCA 俗称莲花插座，又叫 AV 端子，也称 AV 接口，它并不是专门为哪一种接口设计的。它既可以用在视频信号，又可以用在音频信号，也是分量（YCrCb）的插座，只不过其数量是 3 个。RCA 通常都是黄色的视频接口和成对的音频接口。RCA 端子采用同轴传输信号的方式，中轴用来传输信号，外沿一圈的接触层用来接地，可以应用的场合包括模拟视频、模拟音频、数字音频与色差分量传输等。视频监控系统中多用于编码器、DVR 等设备。

图 3-2

3. VGA（Video Graphics Array）接口

VGA 实物图，如图 3-3 所示。VGA 接口共有 15 针，分成 3 排，每排 5 个孔，是显卡上应用最为广泛的接口类型，绝大多数显卡都带有此种接口。它传输红、绿、蓝模拟信号以及同步信号（水平信号和垂直信号）。视频监控系统中多用于解码器、DVR、NVR 等设备上。

图 3-3

4. DVI（Digital Visual Interface）接口

DVI 实物图，如图 3-4 所示。DVI 基于 TMDS（Transition Minimized Differential Signaling）、转换最小差分信号技术来传输数字信号。TMDS 运用先进的编码算法把 8bit 数据（R、G、B 中的每路基色信号）通过最小转换编码为 10bit 数据（包含行场同步信息、时钟信息、数据 DE、纠错等），经过 DC 平衡后，采用差分信号传输数据，它和 LVDS、TTL 相比有较好的电磁兼容性能，可以用低成本的专用电缆实现长距离、高质量的数字信号传输。数字视频接口（DVI）是一种国际开放的接口标准，有 DVI-A（12+5 针）、DVI-D（24+1）和 DVI-I（24+5）三种不同的接口形式。DVI-D 只有数字接口，DVI-I 有数字和模拟接口。在 PC、DVD、高清晰电视（HDTV）、高清晰投影仪等设备上有广泛的应用。视频监控系统中多用于解码器、DVR、NVR 等设备上。

DVI-I　　　　　　　　　　　DVI-D

图 3-4

5. HDMI（High Definition Multimedia Interface）接口

HDMI 实物图，如图 3-5 所示。HDMI 是一种数字化视频/音频接口技术，是适合影像传输的专用型数字化接口，其可同时传送音频和影像信号，最高数据传输速度为 18Gbps（2.0 版）。HDMI 可搭配宽带数字内容保护（HDCP），以防止具有著作权的影音内容遭到未经授权的复制。HDMI 不仅可以满足 1080P 的分辨率，还能支持 DVD Audio 等数字音频格式，支持八声道 96kHz 或立体声 192kHz 数码音频传送，可以传送无压缩的音频信号及视频信号。视频监控系统中多用于解码器、DVR、NVR 等设备上。

图 3-5

6. SDI（Serial Digital Interface）接口

SDI 实物图，如图 3-6 所示。SDI 是一种"数字分量串行接口"，SDI 是专业的视频传输接口，一般用于广播级视频设备中。SDI 按速率划分为三种：标准清晰度 SD-SDI、高清标准 HD-SDI 和 3G-SDI，对应速率分别是 270Mbps、1.485Gbps 和 2.97Gbps。SDI 接口可以通过一条电缆传输全部亮度信号、颜色信号、同步信号与时钟信息，所以能够进行较长距离传输。SD-SDI 信号通过一般的同轴电缆可传输 350m 左右，HD-SDI 信号在一般同轴电缆中传输不到 100m，在高发泡介质同轴电缆中传输可达 180m。

图 3-6

同轴电缆实物图，如图 3-7 所示。同轴电缆可分为两种基本类型，基带同轴电缆和宽同轴电缆，基带同轴电缆，目前基带是常用的电缆，其屏蔽线是用铜做成的网状的，特征阻抗为 50Ω（如 RG-8、RG-58 等）；宽带同轴电缆常用的电缆的屏蔽层通常是用铝冲压成的，特征阻抗为 75Ω（如 RG-59 等）。

图 3-7

同轴电缆根据其直径大小可以分为：粗同轴电缆与细同轴电缆。粗同轴电缆适用于比较大型的局部网络，它的标准距离长，可靠性高，由于安装时不需要切断电缆，因此可以根据需要灵活地调整计算机的入网位置，但粗同轴电缆网络必须安装收发器电缆，安装难度大，所以总体造价高。相反，细同轴电缆安装则比较简单，造价低，但由于安装过程要切断电缆，两头须装上基本网络连接头（BNC），然后接在 T 型连接器两端，所以当接头多时容易产生隐患。

3.1.2 常见音频接口

常见的音频接口实物图，如图 3-8 所示。凤凰头接口、RCA 接口和 BNC 接口有输入和输出之分，输入接口用于连接拾音器，输出接口用于连接音箱。输入和输出接口的类型不一定相同，比如音频输入采用凤凰头接口，音频输出采用 BNC 接口。在实际的视频监控系统中凤凰头接口、RCA 接口和 BNC 接口通常与视频接口绑定成同一个通道，采集的音频信号可以以录像的形式进行存储。

图 3-8　　接口

3.5mm 音频接口（见图 3-9）分为 3 段式和 4 段式。3 段式接口是计算机上常见的立体声耳机，有 3 根线（左声道、右声道、地线）；4 段式接口则是手机耳机，共有 4 根线，多了一个 MIC 麦克级。在视频监控系统中，摄像机的音频接口经常会用到 3.5mm。

MIC 接口（见图 3-10）用于连接麦克风。在视频监控系统中主要用于前端设备的音频采集。因为麦克风的阻抗较小，为了保证信号质量，所以麦克风线缆都比较短。另外，MIC 接口的尺寸较大，所以在设备上的数量较少，一般只有一个。受限于线缆和数量因素，MIC 接口的应用场合较少，多用于监控中心。

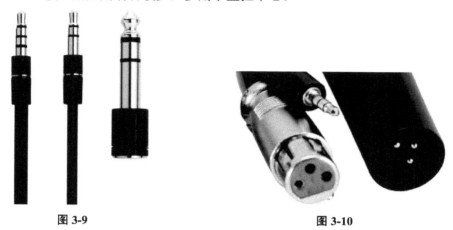

图 3-9   图 3-10

3.1.3　常见网络数据接口

常见网络数据接口，如图 3-11 所示。RJ45 是布线系统中信息插座（即通信引出端）连接器的一种，连接器由插头（接头、水晶头）和插座（模块）组成，插头有 8 个凹槽和 8 个触点。RJ 是 Registered Jack 的缩写，意思是"注册的插座"。在 FCC（美国联邦通信委员会标准和规章）中 RJ 是描述公用电信网络的接口，计算机网络的 RJ45 是标准8 位模块化接口的俗称。

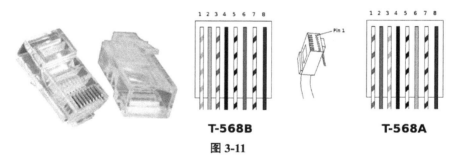

图 3-11

信息模块或 RJ45 连插头与双绞线端接有 T-568A 或 T-568B 两种结构。在 T-568A 中，与之相连的 8 根线分别定义为：白绿、绿；白橙、蓝；白蓝、橙；白棕、棕。在 T-568B 中，与之相连的 8 根线分别定义为：白橙、橙；白绿、蓝；白蓝、绿；白棕、棕。其中定义的差分传输线分别是白橙色和橙色线缆、白绿色和绿色线缆、白蓝色和蓝色线缆、白棕色和棕色线缆。

为达到最佳兼容性，制作直通线时一般采用 T-568B 标准。RJ45 水晶头针顺序号应按照如下方法进行观察：将 RJ45 插头正面（有铜针的一面）朝向自己，有铜针一头朝上方，连接线缆的一头朝向下方，从左至右将 8 个铜针依次编号为 1～8。

从引针 1 至引针 8 对应线序为：

T-568A：① 白-绿、② 绿、③ 白-橙、④ 蓝、⑤ 白-蓝、⑥ 橙、⑦ 白-棕、⑧ 棕。

T-568B：① 白-橙、② 橙、③ 白-绿、④ 蓝、⑤ 白-蓝、⑥ 绿、⑦ 白-棕、⑧ 棕。

双绞线的连接方法主要有两种：直通线缆和交叉线缆。直通线缆的水晶头两端都遵循 T-568A 或 T-568B 标准，双绞线的每组线在两端是一一对应的，颜色相同的在两端水晶头的相应槽中保持一致。而交叉线缆的水晶头一端遵循 T-568A，而另一端则采用 T-568B 标准。

光纤连接器（见图 3-12），也就是接入光模块的光纤接头，也有好多种，且相互之间不可以互用。不是经常接触光纤的人可能会误以为 GBIC 和 SFP 模块的光纤连接器是同一种，其实不是。SFP 模块接 LC 光纤连接器，而 GBIC 接的是 SC 光纤连接器。下面对网络工程中几种常用的光纤连接器进行详细说明：

| FC | SC | ST | LC | MT-RJ |

图 3-12

① FC 型光纤连接器。外部加强方式为采用金属套，紧固方式为螺丝扣。一般在 ODF 侧采用（配线架上用得最多）。

② SC 型光纤连接器。连接 GBIC 光模块的连接器，它的外壳呈矩形，紧固方式为采用插拔销闩式，不需要旋转（路由器交换机上用得最多）。

③ ST 型光纤连接器。常用于光纤配线架，外壳呈圆形，紧固方式为螺丝扣。（对于 10Base-F 连接来说，连接器通常是 ST 类型。常用于光纤配线架。）

④ LC 型光纤连接器。连接 SFP 模块的连接器，它采用操作方便的模块化插孔（RJ）闩锁机理制成（路由器常用）。

⑤ MT-RJ 型光纤连接器。收发一体的方形光纤连接器。

光纤从内部可传导光波的不同，分为单模（传导长波长的激光）和多模（传导短波长的激光）两种。单模光缆的连接距离可达 10km，多模光缆的连接距离要短得多，是 300m 或 500m。

3.1.4 常见其他接口与线缆

1. RS-485 接口

RS-485 实物图，如图 3-13 所示。RS-485 接口组成的半双工网络，一般是两线制（以前有四线制接法，只能实现点对点的通信方式，现很少采用），多采用屏蔽双绞线传输。这种接线方式为总线式拓扑结构在同一总线上最多可以挂接 32 个结点。在 RS-485 通信网络中一般采用的是主从通信方式，即一个主机带多个从机。在很多情况下，连接 RS-485 通信链路时只是简单地用一对双绞线将各个接口的"A""B"端连接起来。在低速、短距离、无干扰的场合可以采用普通的双绞线，反之，在高速、长线传输时，则必须采用阻抗匹配（一般为 120Ω）的 RS-485 专用电缆（STP-120Ω（for RS485 & CAN）one pair 18 AWG），而在干扰恶劣的环境下还应采用铠装型双绞屏蔽电缆（ASTP-120Ω （for RS485 & CAN）one pair 18 AWG）。RS-485 接口在视频监控系统多用于云台与镜头控制。

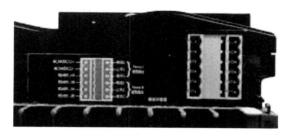

图 3-13

2. RS-232 接口

RS-232 接口实物图，如图 3-14 所示。RS-232 接口是个人计算机上的通信接口之一，由电子工业协会（Electronic Industries Association，EIA）所制定的异步传输标准接口。通常 RS-232 接口以 9 个引脚（DB-9）或是 25 个引脚（DB-25）的型态出现。RS 是英文"推荐标准"的缩写，232 为标志号，C 表示修改次数。RS-232-C 总线标准设有 25 条信号线，包括一个主通道和一个辅助通道。在多数情况下主要使用主通道，对于一般双工通信，仅需几条信号线就可实现，如一条发送线、一条接收线及一条地线。RS-232-C

图 3-14

标准规定的数据传输速率为 50、75、100、150、300、600、1200、2400、4800、9600、19200、38400 波特。在视频监控系统中，RS-232 接口多用于存储、NVR 等设备的命令行系统调试。

3. I/O 接口

I/O 接口实物图，如图 3-15 所示。I/O 接口是一电子电路（以 IC 芯片或接口板形式出现），其内由若干专用寄存器和相应的控制逻辑电路构成。它是 CPU 和 I/O 设备之间交换信息的媒介和桥梁。CPU 与外部设备、存储器的连接和数据交换都需要通过接口设备来实现，前者被称为 I/O 接口，而后者则被称为存储器接口。存储器通常在 CPU 的同步控制下工

图 3-15

作，接口电路比较简单；而 I/O 设备品种繁多，其相应的接口电路也各不相同，因此，习惯上说到接口只是指 I/O 接口。在视频监控系统中，I/O 接口多用于智能卡口、电子警察与外接设备互联使用。

4. 序列式 SCSI

如图 3-16 所示，序列式 SCSI（SAS：Serial Attached SCSI）是一种计算机集线的技术，其功能主要是作为周

图 3-16

边零件的数据传输，如硬盘、CD-ROM 等设备而设计的界面。序列式 SCSI 由并行 SCSI 物理存储接口演化而来，是由 ANSI INCITS T10 技术委员会（T10 Committee）开发及维护的新的存储接口标准。与并行方式相比，序列方式能提供更快的通信传输速度以及更简易的配置。此外，SAS 支持与序列式 ATA（SATA）设备兼容，且两者可以使用相类似的电缆。在视频监控系统中，存储设备的扩展柜连接多用 SAS 接口。

3.2 视频传输常见设备介绍

1. 视频矩阵

视频矩阵（见图 3-17）是指通过阵列切换的方法将 m 路视频信号任意输出至 n 路监控设备上的电子装置，一般情况下矩阵的输入大于输出即 $m>n$。有一些视频矩阵也带有音频切换功能，能将视频和音频信号进行同步切换，这种矩阵也叫做视音频矩阵。目前的视频矩阵就其实现方法来说有模拟矩阵和数字矩阵两大类。视频矩阵一般用于各类监控场合。模拟视频矩阵的输入设备有：监控摄像机、高速球、画面处理器等很多个设备，显示终端一般有监视器，电视墙，拼接屏等（通常视频矩阵输入很多，一般几十路到几千路视频，输出比较少，一般 2～128 个显示器；例如 64 进 8 出，128 进 16 出，512 进 32 出，1024 进 48 出等）。

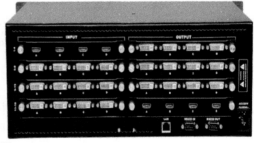

图 3-17

2. 交换机

交换机实物图，如图 3-18 所示。交换机（Switch）意为"开关"是一种用于电（光）信号转发的网络设备。它可以为接入交换机的任意两个网络节点提供独享的电信号通路。最常见的交换机是以太网交换机。交换机工作于 OSI 参考模型的第 2 层，即数据链路层。交换机内部的 CPU 会在每个端口成功连接时，通过将 MAC 地址和端口对应，形成一张 MAC 表。在今后的通信中，发往该 MAC 地址的数据包将仅送往其对应的端口，而不是所有的端口。因此，交换机可用于划分数据链路层广播，即冲突域；但它不能划分网络层广播，即广播域。交换机在目前的视频监控系统中是视频数据传输的重要组成部分。

图 3-18

3. 路由器

路由器实物图，如图 3-19 所示。路由器（Router），是连接因特网中各局域网、广域网的设备，它会根据信道的情况自动选择和设定路由，以最佳路径，按前后顺序发送信号。路由器是互联网络的枢纽——"交通警察"。目前路由器已经广泛应用于各行各业，各种不同档次的产品已成为实现各种骨干网内部连接、骨干网间互联和骨干网与互联网互联互通业务的主力军。路由和交换机之间的主要区别就是交换机发生在 OSI 参考模型第 2 层（数据链路层），而路由发生在第 3 层，即网络层。这一区别决定了路由和交换机在移动信息的过程中需使用不同的控制信息，所以说两者实现各自功能的方式是不同的。

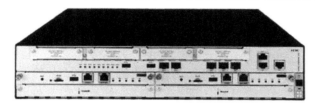

图 3-19

4. 防火墙

防火墙实物图，如图 3-20 所示。防火墙（Firewall），指的是一个由软件和硬件设备组合而成，在内部网和外部网之间、专用网与公共网之间的界面上构造的保护屏障，是一种获取安全性方法的形象说法。它是一种计算机硬件和软件的结合，使 Internet 与 Intranet 之间建立起一个安全网关（Security Gateway），从而保护内部网免受非法用户的侵入，防火墙主要由服务访问规则、验证工具、包过滤和应用网关 4 个部分组成。防火墙就是一个位于计算机和它所连接的网络之间的软件或硬件。该计算机流入/流出的所有网络通信和数据包均要经过此防火墙。在目前的网络系统中，涉及广域网互联或者接入 Internet 的网络中，多数都需要经过防火墙。防火墙对于视频监控系统来说，如果设置不当，则可能会拦截视频监控系统中正常交互的信令和数据报文。

图 3-20

5. 光端机

光端机实物图，如图 3-21 所示。光端机，就是光信号传输的终端设备。由于目前技术的提高，光纤价格的降低使它在各个领域都得到了很好的应用（主要体现在安防监控），因此各个光端机的厂家就好比雨后春笋般发展起来。视频光端机在中国的发展是伴随着监控发展开始的。视频光端机就是把 1 到多路的模拟视频信号通过各种编码转换成光信号通过光纤介质来传输的设备，又分为模拟光端机和数字光端机。模拟光端机采用了 PFM 调制技术实时传输图像信号。发射端将模拟视频信号先进行 PFM 调制后，再进行电/光转换，光信号传到接收端后，进行光/电转换，然后进行 PFM 解调，恢复出视频信号。由于采用了 PFM 调制技术，其传输距离能达到 50km 或者更远。通过使用波分复用技术，还可以在一根光纤上实现图像和数据信号的双向传输，满足监控工程的实际需求。由于数字技术与传统的模拟技术相比在很多方面都具有明显的优势，所以正如数字技术在许多领域取代了模拟技术一样，光端机的数字化也是一种必然趋势。数字视频光端机主要有两种技术方式：一种是 MPEG II 图像压缩数字光端机，另一种是全数字非压缩视频光端机。像压缩数字光端机一般采用 MPEG II 图像压缩技术，它能将活动图像压缩成 $N \times 2Mbps$ 的数据流通过标准电信通信接口传输或者直接通过光纤传输。由于采用了图像压缩技术，它能大大降低信号传输带宽。全数字非压缩视频光端机采用全数字无压缩技术，因此能支持任何高分辨率运动、静止图像无失真传输；克服了常规的模拟调频、调相、调幅光端机多路信号同时传输时交调干扰严

图 3-21

重、容易受环境干扰影响、传输质量低劣、长期工作稳定性不高等缺点，并且支持音频双向、数据双向、开关量双向、以太网、电话等信号的并行传输，现场接线方便，即插即用。

3.3 数据通信基础知识

在计算机网络形成的初期，网络技术发展迅猛，网络变得非常复杂，新的协议和技术不断产生，而网络设备生产厂商大部分都按照自己的标准研发、设计、生产，不能兼容，很难相互通信。

为了解决网络的兼容性问题，实现网络设备间的相互通信，ISO（国际标准化组织）在 1985 年提出了网络互连模型。该体系结构标准定义了网络互连的七层框架（物理层、数据链路层、网络层、传输层、会话层、表示层和应用层），即 ISO 开放系统互连参考模型。在这一框架下进一步详细规定了每一层的功能，以实现开放系统环境中的互连性、互操作性和应用的可移植性。

TCP/IP 是 "Transmission Control Protocol/Internet Protocol" 的简写，中文译名为传输控制协议/互联网络协议。TCP/IP（传输控制协议/网间协议）是一种网络通信协议，它规范了网络上的所有通信设备，尤其是一个主机与另一个主机之间的数据往来格式以及传送方式。TCP/IP 是 Internet 的基础协议，也是一种计算机数据打包和寻址的标准方法。

在数据传送中，可以形象地理解为有两个信封，TCP 和 IP 就像是信封，要传递的信息被划分成若干段，每一段塞入一个 TCP 信封，并在该信封面上记录有分段号的信息，再将 TCP 信封塞入 IP 大信封，发送上网。在接收端，一个 TCP 软件包收集信封，抽出数据，按发送前的顺序还原，并加以校验，若发现差错，TCP 将会要求重发。因此，TCP/IP 在 Internet 中几乎可以无差错地传送数据。对普通用户来说，并不需要了解网络协议的整个结构，仅需了解 IP 的地址格式，即可与世界各地进行网络通信。

视频监控业务的实况属于数据量大的实时业务，业界通常采用 UDP 协议，充分利用其高有效性（低可靠性）、低网络开销、低延时的特点，但是质量差的网络环境将会影响图像质量，所以基于 IP 网络传输的视频监控系统中，对网络质量有如下要求：

- 网络时延上限为 400ms。
- 时延抖动上限为 50ms。
- 丢包率上限为 1/1000。

在设计、建设视频监控系统时，应充分评估网络流量模型，合理应用各种网络技术，达到实时视频通信业务要求的网络质量标准。

3.3.1　OSI 参考模型与 TCP/IP 模型

1. OSI 参考模型

OSI 参考模型，如图 3-22 所示。OSI 参考模型中不同层完成不同的功能，各层相互配合通过标准的接口进行通信。下面简要介绍各个层。

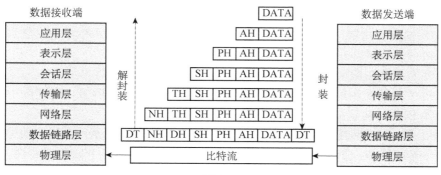

图 3-22

第 7 层应用层：OSI 中的最高层。为特定类型的网络应用提供访问 OSI 环境的手段。应用层确定进程之间通信的性质，以满足用户的需要。应用层不仅要提供应用进程所需要的信息交换和远程操作，而且还要作为应用进程的用户代理来完成一些为进行信息交换所必需的功能。应用层能与应用程序界面沟通，以达到展示给用户的目的。在此常见的协议有：HTTP，HTTPS，FTP，TELNET，SSH，SMTP，POP3 等。

第 6 层表示层：主要用于处理两个通信系统中交换信息的表示方式，为上层用户解决用户信息的语法问题。它包括数据格式交换、数据加密与解密、数据压缩与终端类型的转换。

第 5 层会话层：在两个节点之间建立端连接，为端系统的应用程序之间提供对话控制机制。此服务包括建立连接是以全双工还是以半双工的方式进行设置，尽管可以在第

4 层中处理双工方式；会话层管理登入和注销过程。它具体管理两个用户和进程之间的对话。如果在某一时刻只允许一个用户执行一项特定的操作，会话层协议就会管理这些操作，例如，阻止两个用户同时更新数据库中的同一组数据。

第 4 层传输层：为会话层用户提供一个端到端的可靠、透明和优化的数据传输服务机制，包括全双工或半双工、流控制和错误恢复服务。传输层把消息分成若干个分组，并在接收端对它们进行重组。不同的分组可以通过不同的连接传送到主机。这样既能获得较高的带宽，又不影响会话层。在建立连接时传输层可以请求服务质量，该服务质量指定可接受的误码率、延迟量、安全性等参数，还可以实现基于端到端的流量控制功能。

第 3 层网络层：本层通过寻址来建立两个节点之间的连接，为源端的传输层送来的分组，选择合适的路由和交换节点，正确无误地按照地址传送给目的端的传输层。它包括通过互连网络来路由和中继数据。除了选择路由之外，网络层还负责建立和维护连接，控制网络上的拥塞以及在必要的时候生成计费信息。常用设备有交换机。

第 2 层数据链路层：在此层将数据分帧，并处理流控制。屏蔽物理层，为网络层提供一个数据链路的连接，在一条有可能出差错的物理连接上，进行几乎无差错的数据传输（差错控制）。本层指定拓扑结构并提供硬件寻址。常用设备有网卡、网桥、交换机。

第 1 层物理层：处于 OSI 参考模型的底层。物理层的主要功能是利用物理传输介质为数据链路层提供物理连接，以便透明地传送比特流。常用设备有（各种物理设备）集线器、中继器、调制解调器、网线、双绞线、同轴电缆。数据发送时，从第 7 层传到第 1 层，接收数据则相反。

上 3 层总称应用层，用来控制软件方面。下 4 层总称数据流层，用来管理硬件。除了物理层之外其他层都是用软件实现的。

数据在发至数据流层的时候将被拆分。

传输层中的数据叫段，网络层中的叫包，数据链路层中的叫帧，物理层中的叫比特流，这就是 PDU（协议数据单元）。

物理层是计算机网络 OSI 模型中最低的一层，如图 3-23 所示，为传输数据所需要的物理链路创建、维持、拆除，提供具有机械的、电气的、功能的和规范的特性。

物理层的接口的特性介绍如下：

（1）机械特性。指明接口所用的接线器的形状和尺寸、引线数目和排列、固定和锁定装置等。

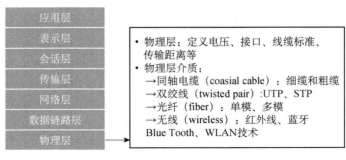

图 3-23

（2）电气特性。指明在接口电缆的各条线上出现的电压的范围。

（3）功能特性。指明某条线上出现的某一电平的电压所表示的意义。

（4）规范特性。指明对于不同功能的各种可能事件的出现顺序。

信号的传输离不开传输介质，而传输介质两端必然有接口用于发送和接收信号。因此，物理层主要关心如何传输信号，物理层的主要任务就是规定各种传输介质和接口与传输信号相关的一些特性。

数据链路层是 OSI 参考模型中的第二层，介乎物理层和网络层之间，如图 3-24 所示。数据链路层在物理层提供的服务的基础上向网络层提供服务，其最基本的服务是将源自网络层的数据可靠地传输到相邻节点的目标机网络层。为达到这一目的，数据链路必须具备一系列相应的功能，主要有：如何将数据组合成数据块，在数据链路层中称这种数据块为帧（Frame），帧是数据链路层的传送单位；如何控制帧在物理信道上的传输，包括如何处理传输差错，如何调节发送速率以使与接收方相匹配，以及在两个网络实体之间提供数据链路通路的建立、维持和释放的管理。

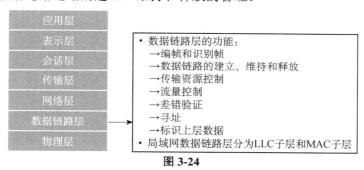

图 3-24

网络层是 OSI 参考模型中的第三层，介于传输层和数据链路层之间，如图 3-25 所示。它在数据链路层提供的两个相邻端点之间的数据帧的传送功能上，进一步管理网络中的数据通信，将数据设法从源端经过若干个中间节点传送到目的端，从而向传输层提供最基本的端到端的数据传送服务。网络层的目的是实现两个端系统之间的数据透明传送，具体功能包括寻址和路由选择、连接的建立、保持和终止等。它提供的服务使传输层不需要了解网络中的数据传输和交换技术。如果想用尽量少的词来记住网络层，那就是"路径选择、路由及逻辑寻址"。

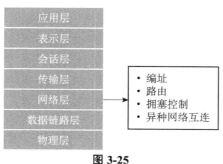

图 3-25

传输层主要为两台主机上的应用程序提供端到端的连接，使源、目的端主机上的对等实体可以进行会话如图 3-26 所示。

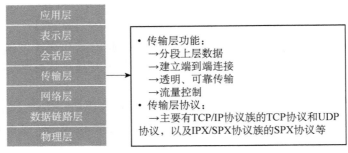

图 3-26

在 TCP/IP 协议族的传输层协议主要包括 TCP（Transmission Control Protocol）和 UDP（User Datagram Protocol）。其中 TCP 是面向连接的，可以保证通信两端的可靠传递，支持乱序恢复、差错重传和流量控制。而 UDP 是无连接的，它提供非可靠性数据传输，数据传输的可靠性由应用层保证。

交换机工作于 OSI 参考模型的第二层，即数据链路层。交换机内部的 CPU 会在每个端口成功连接时，通过将 MAC 地址和端口对应，形成一张 MAC 表。在以后的通信中，发往该 MAC 地址的数据包将仅送往其对应的端口，而不是所有的端口。因此，交换机可用于划分数据链路层广播，即冲突域；但它不能划分网络层广播，即广播域。

交换机拥有一条很高带宽的背部总线和内部交换矩阵。交换机的所有端口都挂接在这条背部总线上，控制电路收到数据包以后，处理端口会查找内存中的地址对照表以确定目的 MAC（网卡的硬件地址）的 NIC（网卡）挂接在哪个端口上，通过内部交换矩阵迅速将数据包传送到目的端口，目的 MAC 若不存在，广播到所有的端口，接收端口回应后交换机会"学习"新的 MAC 地址，并把它添加到内部 MAC 地址表中。使用交换机也可以把网络"分段"，通过对照 IP 地址表，交换机只允许必要的网络流量通过交换机。

由于大多数视频监控系统的范围都在某一地区，故交换机是承载基于 IP 网络视频监控系统的主要传输设备。交换机具有的低交换延迟和高传输带宽，很适合实时性要求很高，数据量大的视频传输需要。

路由器（Router）又称网关设备（Gateway）是用于连接多个逻辑上分开的网络，所谓逻辑网络是代表一个单独的网络或者一个子网。当数据从一个子网传输到另一个子网时，可通过路由器的路由功能来完成。因此，路由器具有判断网络地址和选择 IP 路径的功能，它能在多网络互联环境中，建立灵活的连接，可用完全不同的数据分组和介质访问方法连接各种子网，路由器只接受源站或其他路由器的信息，属网络层的一种互联设备。

路由器是互联网的主要节点设备。路由器通过路由决定数据的转发。转发策略称为路由选择（Routing），这也是路由器名称的由来（Router，转发者）。作为不同网络之间互相连接的枢纽，路由器系统构成了基于 TCP/IP 的国际互联网络 Internet 的主体脉络，也可以说，路由器构成了 Internet 的骨架。

　　路由器多用于远距离数据传输，相对交换机而言，它的功能强大，但是传输带宽较小，同时转发速度慢。在视频监控系统中，在跨广域网或上下级域互联时，可能会用到路由器。

　　2. TCP/IP 模型

　　TCP/IP 是一组用于实现网络互连的通信协议。Internet 网络体系结构以 TCP/IP 为核心。基于 TCP/IP 的参考模型将协议分成 4 个层次，它们分别是：网络接入层、网际互联层、传输层（主机到主机）和应用层。TCP/IP 模型和 OSI 参考模型相比较，如图 3-27 所示。

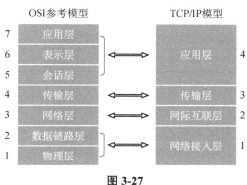

图 3-27

　　（1）应用层

　　应用层对应于 OSI 参考模型的高层，为用户提供所需要的各种服务，例如：FTP、Telnet、DNS、SMTP 等。

　　（2）传输层

　　传输层对应于 OSI 参考模型的传输层，为应用层实体提供端到端的通信功能，保证了数据包的顺序传送及数据的完整性。该层定义了两个主要的协议：传输控制协议（TCP）和用户数据报协议（UDP）。

　　TCP 协议提供的是一种可靠的、通过"三次握手"来连接的数据传输服务；而 UDP 协议提供的则是不保证可靠的（并不是不可靠）、无连接的数据传输服务。

　　（3）网际互联层

　　网际互联层对应于 OSI 参考模型的网络层，主要解决主机到主机的通信问题。它所包含的协议设计数据包在整个网络上的逻辑传输。注重于重新赋予主机一个 IP 地址来完成对主机的寻址，它还负责数据包在多种网络中的路由。该层有三个主要协议：网际协议（IP）、互联网组管理协议（IGMP）和互联网控制报文协议（ICMP）。

　　IP 协议是网际互联层最重要的协议，它提供的是一个可靠、无连接的数据报传递服务。

　　（4）网络接入层（即主机-网络层）

　　网络接入层与 OSI 参考模型中的物理层和数据链路层相对应。它负责监视数据在主机和网络之间的交换。事实上，TCP/IP 本身并未定义该层的协议，而由参与互连的各网络使用自己的物理层和数据链路层协议，然后与 TCP/IP 的网络接入层进行连接。地址解析协议（ARP）工作在此层，即 OSI 参考模型的数据链路层。

TCP 和 UDP 都属于 TCP/IP 网络模型中的传输层协议，在视频监控系统中用于信令及视频数据报文的封装，由于 TCP 和 UDP 不同的传输特点，在网络条件不好的情况下，对视频数据传输有重要影响。TCP 和 UDP 各项功能比较如表 3-1 所示。

表 3-1　TCP 和 UDP 各项功能比较

功能项	TCP	UDP
连接服务的类型	面向连接	无连接
维护连接状态	维持端到端的连接状态	不维护连接状态
对应用层数据的封装	对应用层数据进行分段和封装，用端口号标识应用层程序	与 TCP 相同
数据传输	通过序列号和应答机制确保可靠传输	不确保可靠传输
流量控制	使用滑动窗口机制控制流量	无流量控制机制

TCP 充分实现了数据传输时各种控制功能，可以进行丢包的重发控制，还可以对次序已被打乱的分包进行顺序控制。而这些在 UDP 中都没有。此外，TCP 作为一种面向有连接的协议，只有在确认通信对端存在时才会发送数据，从而可以控制通信流量的浪费。TCP 通过检验和、序列号、确认应答、重发控制、连接管理以及窗口控制等机制实现可靠性传输。

UDP 报文没有序列号、确认、超时重传和滑动窗口等信息，没有任何可靠性保证。因此基于 UDP 的应用和服务通常工作于可靠性较高的网络环境下。

TCP/IP 网络层的核心协议是由 RFC791 定义的 IP（Internet Protocol，互联网协议）。IP 协议不关心数据报文的内容，不能保证数据包能成功地到达目的地，也不维护任何关于前后数据包的状态信息。面向连接的可靠服务由上层的 TCP 协议实现。

IP 将来自传输层的数据段封装成 IP 包并交给网络接入层进行发送，同时将来自网络接入层的帧解封装并根据 IP 协议号（Protocol Number）提交给相应的传输层协议进行处理。TCP（Transmission Control Protocol，传输控制协议）的 IP 协议号为 6，UDP（User Datagram Protocol，用户数据报协议）的 IP 协议号为 17。

IP 协议的主要作用包括以下几种。

● 标示节点和链路：IP 为每个链路分配一个全局唯一的网络号（Network-number）以标志每个网络；为节点分配一个全局唯一的 32 位 IP 地址，用以标志每一个节点。

● 寻址和转发：IP 路由器（Router）通过掌握的路由信息，确定节点所在网络的位置，进而确定节点所在的位置，并选择适当的路径将 IP 包转发到目的节点。

● 适应各种数据链路：为了工作于多样化的链路和介质上，IP 必须具备适应各种链路的能力，例如可以根据链路的 MTU（Maximum Transfer Unit，最大传输单元）对 IP 包进行分片和重组，可以建立 IP 地址到数据链路层地址的映射以通过实际的数据链路传递信息。

3.3.2　子网的划分

Internet 组织机构定义了 5 种 IP 地址，主要使用的有 A、B、C 三类地址，D 类地址第一个 8 位数组以"1110"开头，第一个字节为 224～239，通常作为组播地址，E 类地址第一个 8 位数组以 "11110" 开头，保留用于科学研究。A 类网络有 126 个，每个 A 类网络可能有 16777214 台主机，它们处于同一广播域。而在同一广播域中有这么多节点是不可能的，网络会因为广播通信而达到饱和，结果造成 16777214 个地址大部分没有分配出去。可以把基于每类的 IP 网络进一步分成更小的网络，每个子网由路由器界定并分配一个新的子网网络地址，子网地址是借用基于每类的网络地址的主机部分创建的。划分子网后，通过使用掩码，把子网隐藏起来，使得从外部看网络没有变化，这就是子网掩码。

32 位的 IP 地址分为两部分，即网络号和主机号，分别把它们叫做 IP 地址的 "网间网部分" 和 "本地部分"。子网编址技术将 "本地部分" 进一步划分为 "物理网络" 部分和 "主机" 两部分，其中 "物理网络" 部分用于标志同一 IP 网络地址下的不同物理网络，常称为 "掩码位" "子网掩码号"，或者 "子网掩码 ID"，不同子网就是依据这个掩码 ID 来识别的。

子网的划分，实际上就是设计子网掩码的过程。子网掩码主要是用来区分 IP 地址中的网络 ID 和主机 ID，它用来屏蔽 IP 地址的一部分，从 IP 地址中分离出网络 ID 和主机 ID。子网掩码是由 4 个十进制数组成的数值，中间用 "." 分隔，如 255.255.255.0。若将它写成二进制的形式为：11111111.11111111.11111111.00000000，其中为 "1" 的位分离出网络 ID，为 "0" 的位分离出主机 ID，也就是通过将 IP 地址与子网掩码进行 "与" 逻辑操作，得出的网络号。

例如，假设 IP 地址为 192.160.4.1，子网掩码为 255.255.255.0，则网络 ID 为 192.160.4.0，主机 ID 为 0.0.0.1。计算机网络 ID 的不同，则说明它们不在同一个物理子网内，需通过路由器转发才能进行数据交换。

每类地址具有默认的子网掩码：对于 A 类为 255.0.0.0，对于 B 类为 255.255.0.0，对于 C 类为 255.255.255.0。除了使用上述的表示方法之外，还有使用子网掩码中 "1" 的位数来表示的，在默认情况下，A 类地址为 8 位，B 类地址为 16 位，C 类地址为 24 位。例如，A 类的某个地址为 12.10.10.3/8，这里的最后一个 "8" 说明该地址的子网掩码为 8 位，而 199.42.26.0/28 表示网络 199.42.26.0 的子网掩码位数有 28 位。

如果希望在一个网络中建立子网，就要在这个默认的子网掩码中加入一些位，它减少了用于主机地址的位数。加入到掩码中的位数决定了可以配置的子网。因而，在一个划分了子网的网络中，每个地址包含一个网络地址、一个子网位数和一个主机地址。

3.3.3　特殊 IP 地址

1. 127.0.0.0

127 是一个保留地址，该地址是指计算机本身，主要作用是预留下作为测试使用，用于网络软件测试以及本地机进程间通信。

2. 10.x.x.x、172.16.x.x ~ 172.31.x.x、192.168.x.x

私有地址，这些地址被大量使用在内部网络中，在视频监控系统中，几乎全部使用私有地址。使用私有地址接入因特网时，需要使用地址翻译（NAT），转化为公网地址。

3. 0.0.0.0

它表示的是一个集合，所有在本机的路由表里没有特定条目指明如何到达的主机和网络。如果在网络设置中设置了默认网关，那么 Windows 系统就会自动产生一个目地址为 0.0.0.0 的默认路由。

4. 255.255.255.255

受限制的广播地址，对本机来说，这个地址指本网段内（同一个广播域）的所有主机，该地址用于主机配置过程中 IP 数据包的目的地址，这时主机可能还不知道它所在网络的网络掩码，甚至连它的 IP 地址也还不知道。在任何情况下，路由器都会禁止转发目的地址为受限的广播地址的数据包，这样的数据包仅会出现在本地网络中。

5. 224.0.0.1

组播地址，注意它和广播的区别。从 224.0.0.0 到 239.255.255.255 都是这样的地址。224.0.0.1 特指所有主机，224.0.0.2 特指所有路由器。这样的地址多用于一些特定的程序以及多媒体程序。

6. 直接广播地址

一个网络中的最后一个地址为直接广播地址，也就是 HostID 全为 1 的地址。主机使用这种地址把一个 IP 数据报发送到本地网段的所有设备上，路由器会转发这种数据报到特定网络上的所有主机。

3.3.4 视频监控系统 IP 地址规划

在视频监控系统中，包括摄像机/编码器前端、视频管理服务器/媒体转发服务器、视频存储服务器、视频解码器、业务终端五大类，需要对设备的 IP 地址进行规划划分。

在中小型视频监控系统中，当需要 IP 地址的设备不多时，可以简单地将摄像机/编码器前端设备分配一个 C 类地址段，其余设备分配一个 C 类地址段。

在大规模视频监控系统中，摄像机/编码器前端设备数以千计，可以按照地理位置、行政区域或网络汇聚区域来分配 IP 地址，IP 地址应遵循连续性、唯一性原则，并为将来扩容预留一定数量地址。视频管理服务器/媒体转发服务器、视频存储服务器、视频解码器、业务终端四大类的设备数量不会太多，应分别为每一类设备分配一个网段的 IP 地址。

举例：以××市平安城市为例划分 IP 地址，共计有前端摄像机 3000 个，其中 A 区有摄像机 600 个，B 区有摄像机 900 个，C 区有摄像机 1300 个，D 区有摄像机 200 个；视频管理服务器/媒体转发服务器 10 台，视频存储服务器 120 台，视频解码器 80 台，业务终端 200 台，采用私网地址段划分 IP 地址。

私网可使用的 IP 地址比较多，所以在分配地址时，应尽量多预留。A 区建议划分 192.168.0.1/24～192.168.30.254/24，共计 31 个 C 类地址段，可以容纳 7874 台设备；B 区划分 192.168.31.1/24～192.168.70.254/24，共计 40 个 C 类地址段，可以容纳 10160 台设备；C 区划分 192.168.71.1/24～192.168.130.254/24，共计 60 个 C 类地址段，可以容纳 15240 台设备；D 区划分 192.168.131.1/24～192.168.150.254/24，共计 20 个 C 类地址段，可以容纳 5080 台设备；视频存储服务器采用 192.168.151.1/24～192.168.160.1/24 地

址段，视频解码器采用 192.168.161.1/24～192.168.180.254/24 地址段，业务终端采用 192.168.181.254/24～192.168.200.254/24 地址段，视频管理服务器/媒体转发服务器采用 192.168.201.1/24～192.168.210.254/24 地址段。

　　采用以上方式进行 IP 地址分配时，考虑到私网 IP 地址数量较多，所以在分配时，尽可能多地预留。若 IP 地址数量不多时，则需要精确计算可用的 IP 地址数量，连续地分配，尽量较少浪费。当 IP 地址数量较多时，可以根据设备汇聚的三层交换机划分整段的 IP 地址，以增强系统的可维护性。

3.4　视频数据接入技术

　　视频数据接入技术示意图，如图 3-28 所示。目前基于 IP 网络的视频监控系统中使用最多的是通过网线、光纤、EPON 接入前端摄像机。

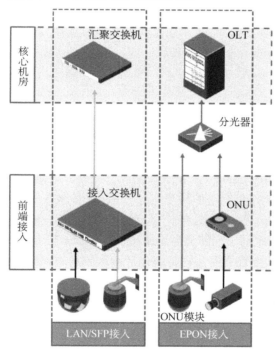

图 3-28

　　普通网线 LAN 接入，传输距离在 100m 以内，若支持长距以太网 LRE（Long Trans Ethernet，长距以太网）技术，最长可以支持 300m 距离传输。

　　园区里使用光纤接入或 EPON（Ethernet Passive Optical Network，以太网无源光网络）接入的方式较多。光纤传输一般分为单模光纤与多模光纤，多模光纤传输距离不超过 2km，更远的距离要采用单模光纤的方式。

　　EPON（Ethernet Passive Optical Network，无源光网络），通过单纤双向传输方式，实现视频、语音和数据等业务的综合接入，为解决接入技术中的"最后一公里问题"而生，示意图如图 3-29 所示。

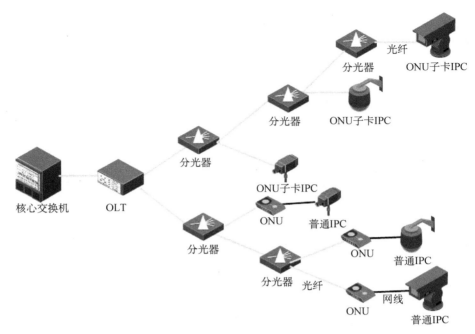

图 3-29

　　EPON 采用非对称式点到多点结构，中心端设备 OLT（Optical Line Terminal，光线路终端）既是一个交换路由设备，又是一个多业务提供平台，它提供面向无源光纤网络的光纤接口（PON 接口）。OLT 与多个接入端设备 ONU（Optical network Unit，光网络单元）通过 POS（Passive Optical Splitter，无源分光器）连接。POS 是一个简单设备，它不需要电源，可以置于相对宽松的环境中，一般一个 POS 的分光比为 2、4、8、16、32，并可以多级连接。

　　EPON 适合于监控组网中的编码器远距离接入。EPON 有如下优点：

● 节省大量光纤和光收发器，较传统光纤接入方案成本低。

● 大量使用无源设备，可靠性高，显著降低维护费用。

● 网络扁平化，结构简单更利于运营商对网络的管理。

● 最远 20km 的接入距离，使运营商局端部署更加灵活。

● 组网模型不受限制，可以灵活组建树形、星形拓扑网络。

● 提供非常高的带宽。EPON 目前可以提供上下行对称的 1Gbps 的带宽，并且随着以太网技术的发展可以升级到 10Gbps。

● 应用广泛，不仅仅是运营商宽带接入，也可作为广电视频的传输网络，视频监控的图像传输网络。

　　EPON 在视频监控系统中常见的有以下两种接入方式。

　　（1）ONU 接入方式：编码器、IPC 通过网线接入到 ONU 设备上，ONU 与分光器分支光纤相连，接入 EPON 网络，一个 ONU 设备可以接若干台网络设备。

　　（2）ONU 模块的方式：OLT 设备绑定了 ONU 模块的 MAC 地址，更换了其他设备，若 MAC 地址与绑定的不一致时则将无法接入。采用 ONU 设备的方式，OLT 设备绑定的是 ONU 设备的 MAC 地址，而 ONU 设备可以接入多台计算机，所以采用 ONU 子卡的方式安全性更好。

随着无线技术的演进，视频监控系统中采用无线接入的方式也逐渐出现，基于 WiFi、4G 网络的接入，均有小规模的应用。前端网络摄像机内置 WiFi 模块或 4G 网络模块，可以通过无线网络接入到汇聚点，传输视频数据。但是由于无线网络的不稳定以及高昂的成本，所以无线接入方式一般作为在不方便布线局点时的辅助接入手段。可以预见，当无线接入的成本降低，网络质量能够保证时，将会成为主流的接入方式。

3.5　数据通信技术

视频监控系统中的数据包含三大类，第一类为控制信令，数据量小，多为双向通信；第二类为实时视频数据，数据量大，网络质量要求高，呈单向传输；第三类为非实时视频数据，数据量大。由于视频监控数据量大的特点，若承载网络规划不好则容易造成网络拥塞，故常用一些网络技术来减少网络故障的发生。

3.5.1　POE 技术

POE（Power over Ethernet，以太网供电，又称远程供电）是指设备通过以太网电口，利用双绞线对外接 PD（Powered Device，受电设备）进行远程供电。POE 技术能在确保现有结构化布线安全的同时保证现有网络的正常运作，最大限度地降低成本。IEEE 802.3af 标准是基于以太网供电系统 POE 的新标准，它在 IEEE 802.3 的基础上增加了通过网线直接供电的相关标准，是现有以太网标准的扩展，也是第一个关于电源分配的国际标准。

IEEE 在 1999 年开始制定该标准，但是，该标准的缺点一直制约着市场的扩大。直到 2003 年 6 月，IEEE 批准了 802.3af 标准，它明确规定了远程系统中的电力检测和控制事项，并对路由器、交换机和集线器通过以太网电缆向 IP 电话、安全系统以及无线 LAN 接入点等设备供电的方式进行了规定。

一个典型的以太网供电系统，在配线柜里保留以太网交换机设备，用一个带电源供电集线器（Midspan HUB）给局域网的双绞线提供电源。在双绞线的末端，该电源用来驱动电话、无线接入点、相机和其他设备。为避免断电，可以选用一个 UPS。标准的五类网线有 4 对双绞线，但是在 10M BASE-T 和 100M BASE-T 中只用到其中的两对。IEEE802.3af 允许两种用法，应用空闲脚供电时，4、5 脚连接为正极，7、8 脚连接为负极。应用数据脚供电时，将 DC 电源加在传输变压器的中点，不影响数据的传输。在这种方式下线对 1、2 和线对 3、6 可以为任意极性。

标准不允许同时应用以上两种情况。电源提供设备 PSE 只能提供一种用法，但是电源应用设备 PD 必须能够同时适应两种情况。该标准规定供电电源通常是 48V、13W 的。PD 设备提供 48V 到低电压的转换是较容易的，但同时应有 1500V 的绝缘安全电压。

POE 系统如图 3-30 所示，包括 POE 电源、PSE（Power Sourcing Equipment，供电

设备）、PI（Power Interface，电源接口）和 PD。

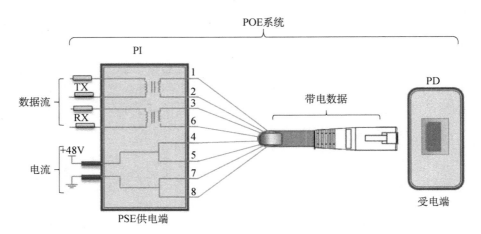

图 3-30

（1）POE 电源为整个 POE 系统提供动力。

（2）PSE：直接给 PD 供电的设备。PSE 分为内置（Endpoint）和外置（Midspan）两种。内置指的是 PSE 集成在交换机/路由器内部，外置指的是 PSE 与交换机/路由器相互独立。PSE 支持的主要功能包括寻找、检测 PD，对 PD 分类，并向其供电，进行功率管理，实时监控，检测与 PD 的连接是否断开等。

（3）PI：具备 POE 供电能力的以太网接口，也称为 POE 接口，包括 FE 和 GE 接口。

（4）PD：接受 PSE 供电的设备，如 IP 电话、无线 AP（Access Point，接入点）、便携设备充电器、刷卡机、网络摄像头等。

PD 设备在接受 POE 电源供电的同时，可以连接其他电源，进行电源冗余备份。在视频监控系统中，IPC（网络摄像机）的接入经常采用 POE 技术。

3.5.2 VLAN 技术

VLAN 英文全称为 Virtual Local Area Network，意为虚拟局域网。VLAN 是一组逻辑上的设备，不受物理位置的限制，可以根据功能、部门及业务因素将它们组织起来，相互之间的通信在同一个网段，由此得名虚拟局域网。VLAN 工作在 OSI 参考模型的第 2 层和第 3 层，一个 VLAN 就是一个广播域，VLAN 之间的通信是通过第 3 层的路由器来完成的。与传统的局域网技术相比较，VLAN 技术更加灵活，它具有以下优点：网络设备的移动、添加和修改的管理开销减少；可以控制广播活动；可提高网络的安全性。

在计算机网络中，一个二层网络可以被划分为多个不同的广播域，一个广播域对应一个特定的用户组，默认情况下这些不同的广播域是相互隔离的。不同的广播域之间想要通信，需要通过一个或多个路由器。这样的一个广播域就称为 VLAN，如图 3-31 所示。

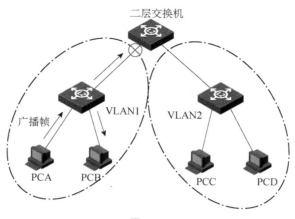

图 3-31

　　VLAN 限制网络上的广播,将网络划分为多个 VLAN 可减少参与广播风暴的设备数量。LAN 分段可以防止广播风暴波及整个网络。VLAN 可以提供建立防火墙的机制,防止交换网络的过量广播。使用 VLAN,可以将某个交换端口或用户赋于某一个特定的 VLAN 组,该 VLAN 组可以在一个交换网中或跨接多个交换机,在一个 VLAN 中的广播不会送到 VLAN 之外。同样,相邻的端口不会收到其他 VLAN 产生的广播。这样可以减少广播流量,释放带宽给用户应用,减少广播的产生。

　　常见的 VLAN 划分方式有基于端口的划分、基于 MAC 地址划分、基于用户划分、基于 IP 组播划分和基于协议划分。在视频监控系统的承载网络中,基于端口划分使用的较多。

　　基于端口划分 VLAN 是最常应用的一种 VLAN 划分方法,应用也最为广泛、最有效,目前绝大多数 VLAN 协议的交换机都提供这种 VLAN 配置方法。这种划分 VLAN 的方法是根据以太网交换机的交换端口来划分的,它是将 VLAN 交换机上的物理端口和 VLAN 交换机内部的 PVC(永久虚电路)端口分成若干个组,每个组构成一个虚拟网,相当于一个独立的 VLAN 交换机。对于不同部门需要互访时,可通过路由器转发,并配合基于 MAC 地址的端口过滤。对某站点的访问路径上最靠近该站点的交换机、路由交换机或路由器的相应端口上,设定可通过的 MAC 地址集。这样就可以防止非法入侵者从内部盗用 IP 地址再从其他可接入点入侵的可能。从这种划分方法本身我们可以看出,这种划分的方法的优点是定义 VLAN 成员时非常简单,只要将所有的端口都定义为相应的 VLAN 组即可。它适合于任何大小的网络。它的缺点是如果某用户离开了原来的端口,到了一个新的交换机的某个端口,必须重新定义。

3.5.3　路由技术

　　路由提供了异构网互联的机制,实现将一个网络的数据包发送到另一个网络,如图 3-32 所示。路由用于指导 IP 数据包发送的路径信息。路由工作在 OSI 参考模型的第三层——网络层的数据包转发设备。

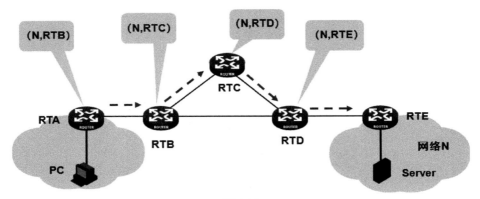

图 3-32

在网络中进行路由选择要使用路由器，路由器只是根据所收到的数据报头的目的地选择一个合适的路径（通过某一个网络），将数据包传送到下一个路由器，路径上最后的路由器负责将数据包送交目的主机。数据包在网络上的传输就好像是体育运动中的接力赛一样，每一个路由器只负责自己本站数据包通过最优路径转发，通过多个路由器一站一站的接力将数据包通过最优路径转发到目的地。当然有时候由于实施一些路由策略数据包通过的路径并不一定是最优路由。路由器通常连接两个或多个由 IP 子网或点到点协议标志的逻辑端口，至少拥有 1 个物理端口。路由器根据收到数据包中的网络层地址以及路由器内部维护的路由表决定输出端口以及下一跳地址，并且重写链路层数据包头实现转发数据包。路由器通过动态维护路由表来反映当前的网络拓扑，并通过网络上其他路由器交换路由和链路信息来维护路由表。

路由分为静态路由和动态路由，其相应的路由表称为静态路由表和动态路由表。静态路由表由网络管理员在系统安装时根据网络的配置情况预先设定，网络结构发生变化后由网络管理员手工修改路由表。动态路由随网络运行情况的变化而变化，路由器根据路由协议提供的功能自动计算数据传输的最佳路径，由此得到动态路由表，如图 3-33 所示。

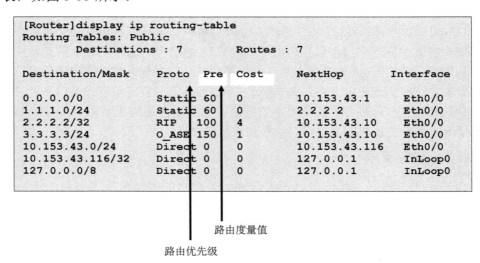

图 3-33

路由器转发数据包的关键是路由表。每个路由器中都保存着一张路由表，表中每条路由项都指明数据包到某子网或某主机应通过路由器的哪个物理端口发送，可到达该路径的下一个路由器，或者不再经过别的路由器而传送到直接相连的网络中的目的主机。

路由器中包含了下列关键项：

（1）目的地址（Destination）。用来标志 IP 包的目的地址或目的网络。

（2）网络掩码（Mask）。与目的地址一起来标志目的主机或路由器所在的网段的地址。将目的地址和网络掩码"逻辑与"后可得到目的主机或路由器所在网段的地址。例如：目的地址为 18.0.0.0，掩码位 255.0.0.0 的主机或路由器所在网段的地址为 18.0.0.0。掩码由若干个连续"1"构成，既可以用点分十进制数表示，也可以用掩码中连续"1"的个数来表示。

（3）输出接口（Interface）。说明 IP 包将从该路由器哪个接口转发。

（4）下一跳 IP 地址（Nexthop）。说明 IP 包所经由的下一个路由器的接口地址。

路由器就是通过匹配路由表里的表项来实现数据包的转发。当路由器收到一个数据包时，将数据包的目的 IP 分别与路由表中的目的 IP 地址的掩码作"与"的操作，如果"与"操作后的 IP 与该目的 IP 地址相同，说明路由匹配，该数据包即按照该路由项的下一跳地址进行转发。但是当路由表中存在多个表项可以同时匹配目的 IP 时，路由查找进程会选择其中掩码最长的表项用于转发，此即为最长匹配，如图 3-34 所示。

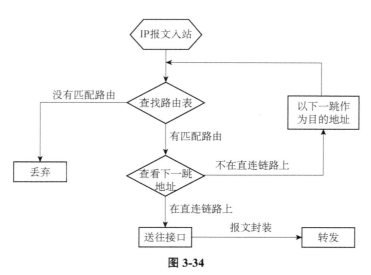

图 3-34

例如：若路由表中存在 3 个表项，其目的地址和掩码分别为 192.168.1.0/24、192.168.0.0/16 和 192.0.0.0/8，某报文的目的 IP 地址为 192.168.1.18，则该报文与路由表中的 3 个表项都能匹配，这时路由查找进程根据最长匹配的原则，选择路由项 192.168.1.0/24，数据包将会根据该路由项转发。

（5）在路由表中有一个 Protocol 字段。指明了路由的来源，即路由是如何生成的。路由的来源主要有以下 3 种。

● 直连路由。由链路层协议发现的路由（Direct），开销小，配置简单，无须人工维护，只能发现本接口所属网段拓扑的路由。

● 手工配置的静态路由（Static）。静态路由是一种特殊的路由，它由管理员手工配置而成。通过静态路由的配置可建立一个互通的网络，但这种配置问题在于：当一个网络故障发生后，静态路由不会自动修正，必须有管理员的介入。静态路由无开销，配置简单，适合简单拓扑结构的网络。

● 动态路由协议发现的路由（RIP、OSPF 等）。当网络拓扑结构十分复杂时，手工配置静态路由工作量大而且容易出现错误，这时就可用动态路由协议，让其自动发现和修改路由，无须人工维护，但动态路由协议开销大，配置复杂。

在视频监控系统的承载网中，使用静态路由协议与动态路由协议 OSPF 的较多。在中小型视频监控系统中，通常只使用静态路由协议，而在大型视频监控的承载网中，需要使用动态路由协议与静态路由协议相结合。

3.5.4　NAT 技术

为了解决网络地址资源不足的问题，人们提出了网络地址转换技术，即 NAT（Network Address Translation）。当专用网内部的一些主机本来已经分配到了本地 IP 地址（即仅在本专用网内使用的专用地址），又想和因特网上的主机通信（并不需要加密）时，可使用 NAT 方法。

IP 地址分为公有地址和私有地址，公有地址（Public address，也可称为公网地址）由 Internet NIC（Internet Network Information Center 因特网信息中心）负责。这些 IP 地址分配给注册并向 Internet NIC 提出申请的组织机构。通过它直接访问因特网，它是广域网范畴内的。

私有地址（Private address，也可称为专网地址）属于非注册地址，专门为组织机构内部使用，它是局域网范畴内的，出了所在局域网是无法访问因特网的。

留用的内部私有地址目前主要有以下几类。

● A 类：10.0.0.0～10.255.255.255。

● B 类：172.16.0.0～172.31.255.255。

● C 类：192.168.0.0～192.168.255.255。

装有 NAT 软件的路由器叫做 NAT 路由器，它至少有一个有效的外部全球 IP 地址。这样，所有使用私有地址的主机在和外界通信时，都要在 NAT 路由器上将其本地地址转换成全球 IP 地址，才能和因特网连接，如图 3-35 所示。

NAT 的实现方式有三种，即静态转换 Static NAT、动态转换 Dynamic NAT 和端口多路复用 OverLoad。

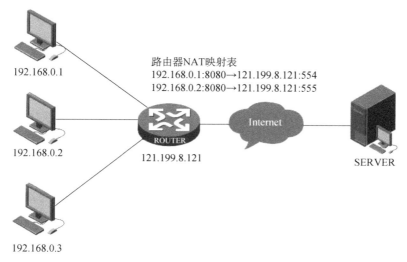

路由器NAT映射表
192.168.0.1:8080→121.199.8.121:554
192.168.0.2:8080→121.199.8.121:555

图 3-35

　　静态转换是指将内部网络的私有 IP 地址转换为公有 IP 地址，IP 地址对是一对一的，一个内部地址映射到一个外部地址，某个私有 IP 地址只转换为某个公有 IP 地址。借助于静态转换，可以实现外部网络对内部网络中某些设备的访问。

　　动态转换是指将内部网络的私有 IP 地址转换为公用 IP 地址时，IP 地址是不确定的，是随机的，所有被授权访问 Internet 上的私有 IP 地址可随机转换为任何指定的合法 IP 地址。也就是说，只要指定哪些内部地址可以进行转换，以及用哪些合法地址作为外部地址时，就可以进行动态转换。动态转换可以使用多个合法外部地址集。当 ISP 提供的合法 IP 地址略少于网络内部的计算机数量时，可以采用动态转换的方式。

　　端口多路复用（Port Address Translation，PAT）是指改变外出数据包的源端口并进行端口转换，即端口地址转换，采用端口多路复用方式。内部网络的所有主机均可共享一个合法外部 IP 地址实现对 Internet 的访问，从而可以最大限度地节约 IP 地址资源。同时，又可隐藏网络内部的所有主机，有效避免来自 Internet 的攻击。因此，目前网络中应用最多的就是端口多路复用方式。

　　ALG（Application Level Gateway），即应用程序级网关技术。传统的 NAT 技术只对 IP 层和传输层头部进行转换处理，但是一些应用层协议，在协议数据报文中包含了地址信息。为了使得这些应用也能透明地完成 NAT 转换，NAT 使用一种称为 ALG 的技术，它能对这些应用程序在通信时所包含的地址信息也进行相应的 NAT 转换。例如：对于 RIP 协议的 INVITE 消息、200 OK 消息和部分 ACK 消息类型等都需要 ALG 来支持。

　　如果协议数据报文中不包含地址信息，则很容易利用传统的 NAT 技术来完成透明的地址转换，通常我们使用的如下应用就可以直接利用传统的 NAT 技术：HTTP、TELNET、NTP、NFS 等。

　　在视频监控的网络系统中，需要使用因特网来传输视频数据时，大多都会涉及地址转换，其中静态转换以及端口多路复用技术相对应用得较多。由于视频监控系统呼叫控制协议大多采用 SIP 协议，所以在使用 NAT 时一般采用一对一映射。在家用小型视频监控系统中，可以采用视频监控产品上自带的 NAT 穿越功能，比如宇视科技的 UNP 技术。

3.5.5　组播技术

传统的 IP 通信有两种方式：第一种是在一台源 IP 主机和一台目的 IP 主机之间进行，即单播（Unicast）；第二种是在一台源 IP 主机和网络中所有其他的 IP 主机之间进行，即广播（Broadcast）。如果要将信息发送给网络中的多个主机而非所有主机，则要么采用广播方式，要么由源主机分别向网络中的多台目标主机以单播方式发送 IP 包。采用广播方式实现时，不仅会将信息发送给不需要的主机而浪费带宽，也可能由于路由回环引起严重的广播风暴。采用单播方式实现时，由于 IP 包的重复发送会白白浪费掉大量带宽，也增加了服务器的负载。所以，传统的单播和广播通信方式不能有效地解决单点发送多点接收的问题。单播、组播和广播方式示意图，如图 3-36 所示。

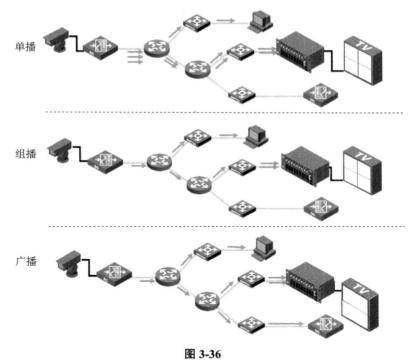

图 3-36

IP 组播是指在 IP 网络中将数据包以尽力传送（Best-effort）的形式发送到网络中的某个确定节点子集，这个子集称为组播组（Multicast Group）。IP 组播的基本思想是，源主机只发送一份数据，这份数据中的目的地址为组播组地址；组播组中的所有接收者都可接收到同样的数据拷贝，并且只有组播组内的主机（目标主机）可以接收该数据，网络中其他主机不能收到。组播组用 D 类 IP 地址（224.0.0.0～239.255.255.255）来标志。

根据协议的作用范围，组播协议分为主机-路由器之间的协议（即组播成员管理协议），以及路由器-路由器之间协议（主要是各种路由协议）。组成员关系协议包括 IGMP（互联网组管理协议），组播路由协议又分为域内组播路由协议及域间组播路由协议两类。域内组播路由协议包括 PIM-SM（Protocol Independent Multicast-Sparse Mode，稀疏模式独立组播协议）、PIM-DM（Protocol Independent Multicast Dense Mode，协议独立组播-密集模式）、DVMRP（Distance Vector Multicast Routing Protocol，距离矢量组播路由选择协议）等协议，域间组播路由协议包括 MBGP（Multiprotocol Extensions for BGP-4，多协议边界网关协议）、MSDP（Multicast Source Discovery Protocol，组播源发现协议）等协议。同时为了有效抑制组播数据在二层网络中的扩散，引入了 IGMP Snooping（Internet Group Management Protocol Snooping，互联网组管理协议窥探）等二层组播协议。

通过 IGMP（Internet Group Management Protocol，Internet 组管理协议）和二层组播协议，在路由器和交换机中建立起直联网段内的组成员关系信息，具体地说，就是哪个接口下有哪个组播组的成员。域内组播路由协议根据 IGMP 维护的这些组播组成员关系信息，运用一定的组播路由算法构造组播分发树，在路由器中建立组播路由状态，路由器根据这些状态进行组播数据包转发。域间组播路由协议根据网络中配置的域间组播路由策略，在各自治系统（Autonomous System，AS）间发布具有组播能力的路由信息以及组播源信息，使组播数据能在域间进行转发。

PIM 英文全称为 Protocol Independent Multicast，意为协议无关组播。由于 PIM 无须收发组播路由更新，所以与其他组播协议相比，PIM 开销降低了许多。PIM 的设计出发点是在 Internet 范围内同时支持 SPT（Shortest Path Tree，最短路径树）和共享树，并使两者之间灵活转换，因而集中了它们的优点提高了组播效率。PIM 定义了两种模式：密集模式（Dense-Mode）和稀疏模式（Sparse-Mode）。

（1）PIM-DM。PIM-DM 与 DVMRP 很相似，都属于密集模式协议，都采用了"扩散/剪枝"机制。同时，假定带宽不受限制，每个路由器都想接收组播数据包。主要不同之处在于 DVMRP 使用内建的组播路由协议，而 PIM-DM 采用 RPF 动态建立 SPT。该模式适合于下述几种情况：① 高速网络；② 组播源和接收者比较靠近，发送者少，接收者多；③ 组播数据流比较大且比较稳定。

（2）PIM-SM。PIM-SM 与基于"扩散/剪枝"模型的根本差别在于 PIM-SM 基于显式加入模型，即接收者向 RP 发送加入消息，而路由器只在已加入某个组播组输出接口上转发那个组播组的数据包。PIM-SM 采用共享树进行组播数据包转发。每一个组有一个汇合点（Rendezvous Point，RP），组播源沿最短路径向 RP 发送数据，再由 RP 沿最短路径将数据发送到各个接收端。PIM-SM 主要优势之一是它不局限于通过共享树接收组播信息，还提供从共享树向 SPT 转换的机制。尽管从共享树向 SPT 转换减少了网络延迟以及在 RP 上可能出现的阻塞，但这种转换耗费了相当的路由器资源，所以它适用于有多对组播数据源和网络组数目较少的环境。

在承载视频监控业务的组播网络中，一般采用 PIM-SM 模式。

本章小结

　　本章介绍了视频监控系统中常见的音视频接口、数据接口、其他接口及线缆。重点介绍了目前市场上主流网络视频监控系统大量采用的 IP 网络传输技术基础知识，包括网络七层模型、子网划分、IP 地址规划，网络接入技术、POE 技术、VLAN 技术、路由技术、NAT 技术、组播技术等。

第4章　视频数据存储技术

主要内容

（1）存储技术基础；

（2）存储的架构；

（3）RAID 技术；

（4）视频存储应用；

（5）云存储技术；

（6）存储解决方案。

视频监控系统的一个重要的作用在于案发后取证，前端采集到的海量视频图像数据如何高效、可靠、低成本地保存，是安防企业一直在研究的方向。在大规模视频监控系统中，如何经济有效地实现海量存储和相对高处理性能，并能实现系统性能和容量的按需扩展？如何实现前端存储、中心存储、客户端存储和客户监控中心存储相结合的灵活性需求，并解决随之而来的存储资源的管理和存储内容索引管理的问题？在中小规模视频监控系统中，如何高性价比地实现高可靠性存储？如何在性能与成本间进行平衡？随着用户的种类和数量的增加，如何实现不同用户安全使用和访问存储资源的认证、授权管理？这些都是实现可运营的基础条件。视频存储应用对比普通的 IT 应用，对延时非常敏感，需要保持数据流量的相对稳定，不能大幅度抖动。本章主要阐述视频监控系统中存储的基础知识及特点。

4.1　存储技术基础

4.1.1　存储基础知识

时代发展和科技的进步造就了当今便利的生活。近百年的存储技术发展也同样惊人，从选数管到现在的大型网络化磁盘阵列无不体现存储的快速发展，选数管以及穿孔纸带等是由直观的存储转化为机器存储的产物。

随着存储方式以及介质的变化，存储的容量越来越大，存储的速度越来越快，存储的可靠性也越来越高。从原来的以 bit 为单位的容量到现在的以 PB/EB 为单位的容量，从原来 bps 到现在的 Gbps 的传输速度，从原来单一的存储介质到现在的网络化存储阵列的存储方式，存储的每一步发展都留下了坚实的脚印。

1. 读写性能

衡量存储性能的指标是 IOPS（Input/Output Operations Per Second）和带宽。IOPS 指每秒钟可服务于多少个 I/O 请求。带宽指单位时间内的流量或吞吐量，一般以 Mbps 为单位。带宽等于总线位宽与 IOPS 的乘积。

应用服务器对存储设备的读写方式分为顺序读写和随机读写两种。如果用一块磁盘来举例，顺序读写方式是指磁头从磁盘上的某个扇区开始，依次连续访问此扇区之后的扇区；随机读写方式指磁头随机访问整个磁盘上的扇区。随机读写方式比顺序读写方式增加了磁头的寻址时间，所以一般随机读写的速度都会比顺序读写的速度慢很多。

顺序读写与随机读写性能反映了存储性能的不同方面，顺序读写性能反映了存储的吞吐能力，一般用大数据块访问的带宽来衡量，关注的是存储提供的带宽。随机读写性能表示存储对请求反应的快慢，关注的是反应时间，用 IOPS 来衡量。数据库应用访问存储时一般使用随机访问的方式，这就需要存储设备提供很高的 IOPS。

2. 硬盘结构与原理

硬盘的结构，如图 4-1 所示。硬盘上的数据实际存放在硬盘的盘片上。硬盘盘片一般采用硬质合金制造，表面上被涂上了磁性物质，通过磁头的读写，将数据记录在其中。通常一个硬盘由若干张盘片叠加而成。硬盘磁头是硬盘读取数据的关键部件，它的主要作用就是将存储在硬盘盘片上的磁信息转化为电信号向外传输，硬盘的传动部件包括传动手臂以及传动轴，在传动手臂的末端安放了硬盘磁头，进行对数据的读写。硬盘的主轴决定了硬盘的转速。在硬盘的反面，是一块 PCB 电路板，上面主要有硬盘的主控制芯片、缓存芯片和硬盘驱动芯片，用来控制盘片转动和磁头读写。

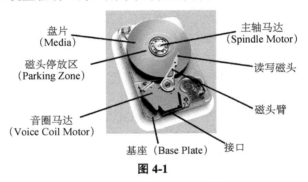

图 4-1

接口是硬盘与主机系统的连接模块，接口的作用就是将硬盘数据缓存内的数据传输到计算机主机内存或其他应用系统中。硬盘的接口包括电源接口和数据传输接口。我们经常说的 IDE 硬盘、SATA 硬盘、SCSI 硬盘、FC 硬盘、SAS 硬盘等，主要是根据硬盘的接口来区分的。不同的接口类型会有不同的最大接口带宽，从而在一定程度上影响着硬盘传输数据的快慢。

硬盘存储数据是根据电、磁转换原理实现的。硬盘由一个或几个表面镀有磁性物质的金属或玻璃等物质盘片以及盘片两面所安装的磁头和相应的控制电路组成，其中盘片和磁头密封在无尘的金属壳中，如图 4-2 所示。

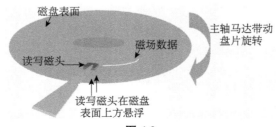

图 4-2

硬盘工作时，盘片以设计转速高速旋转，设置在盘片表面的磁头则在电路控制下径向移动到指定位置然后将数据存储或读取出来。当系统向硬盘写入数据时，磁头中"写数据"电流产生磁场使盘片表面磁性物质状态发生改变，并在写电流磁场消失后仍能保持，这样数据就存储下来了。当系统从硬盘中读数据时，磁头经过盘片指定区域，盘片表面磁场使磁头产生感应电流或线圈阻抗产生变化，经相关电路处理后还原成数据。因此只要能将盘片表面处理得更平滑、磁头设计得更精密以及尽量提高盘片旋转速度，就能造出容量更大、读写数据速度更快的硬盘。这是因为盘片表面处理越平、转速越快就越能使磁头离盘片表面越近，提高读、写的灵敏度和速度；磁头设计越小越精密就能使磁头在盘片上占用空间越小，使磁头在一张盘片上建立更多的磁道以存储更多的数据。

3. 硬盘容量

（1）单碟容量

这只是一个划分硬盘档次的参考指标，也可以用于说明硬盘生产厂商的生产技术有多高，但是对于用户来说是没有区别的，只要硬盘的总体容量达到要求就可以了。硬盘都是由一个或几个盘片组成的，所以单碟容量就是指包括正反两面在内的每个盘片的总容量，单碟容量的提高就是盘片磁道密度的提高，磁道密度的提高不但意味着提高了盘片的磁道数量，而且在磁道上的扇区数量也得到了提高，所以盘片转动一周，就会有更多的扇区被读出，所以相同转速的硬盘单碟容量越大内部数据传输率就越快，此外单碟容量的提高还有利于硬盘寻道时间的缩短。

（2）容量

容量指硬盘能存储数据的数据量大小，而单碟容量是指硬盘单张盘片上所能存储的数据量大小，硬盘的数据存储密度越高即意味着硬盘的单碟容量会更大。至于容量的计算方式则存在两种，一种是硬盘厂商们的计算方式：1 MB=1000 KB=1000×1000 Bytes；而另一种则是计算机系统的计算方式：1 MB=1024 KB=1024×1024 Bytes。由于这两种容量计算方式存在细微的差异，这就导致硬盘厂商们公布的产品容量跟用户实际可用容量存在一些出入。

（3）有效容量

磁盘有效容量可参考表 4-1，不同存储设备可能磁盘有效容量也不同。

表 4-1　磁盘有效容量

磁盘类型	有效容量（GB）
1TB SATA	931.5
2TB SATA	1863
3TB SATA	2794.5

4. 硬盘转速

转速（Rotational Speed），是硬盘内电机主轴的旋转速度，也就是硬盘盘片在一分钟内所能完成的最大转数。转速的快慢是标示硬盘档次的重要参数之一，它是决定硬盘内部传输率的关键因素之一，在很大程度上直接影响到硬盘的速度。硬盘的转速越快，硬盘寻找文件的速度也就越快，相对的硬盘的传输速度也就得到了提高。硬盘转速以每分钟多少转来表示，单位表示为 rpm，rpm 是 Revolutions Per Minute 的缩写，即转/每分钟。rpm 值越大，内部传输率就越快，访问时间就越短，硬盘的整体性能也就越好。

硬盘的主轴马达带动盘片高速旋转，产生浮力使磁头飘浮在盘片上方。要将所要存取资料的扇区带到磁头下方，转速越快，则等待时间也就越短。因此转速在很大程度上决定了硬盘的速度。但这并不是绝对的，因为除了硬盘自身的转速以外，运算法则等非硬件因素也决定着硬盘的性能。虽然说硬盘的转速越快越好，但是转速越快发热量也会越大。

　　家用的普通硬盘的转速一般有 5400rpm、7200rpm 几种，高转速硬盘也是现在台式机用户的首选；而对于笔记本用户则以 4200rpm、5400rpm 为主，目前已经有公司发布了 7200rpm 转速的笔记本硬盘。服务器用户对硬盘性能要求最高，服务器中使用的 SCSI 硬盘转速基本都采用 10000rpm，甚至还有 15000rpm 的，性能要超出家用产品很多。

　　较高的转速可缩短硬盘的平均寻道时间和实际读写时间，但随着硬盘转速的不断提高也带来了温度升高、电机主轴磨损加大、工作噪声增大等负面影响。笔记本硬盘转速低于台式机硬盘，一定程度上是受到这个因素的影响。笔记本内部空间狭小，笔记本硬盘的尺寸（2.5 寸）也被设计得比台式机硬盘（3.5 寸）小，转速提高造成的温度上升，对笔记本本身的散热性能提出了更高的要求；噪声变大，又必须采取必要的降噪措施，这些都对笔记本硬盘制造技术提出了更多的要求。同时转速的提高，而其他的因素维持不变，则意味着电机的功耗将增大，单位时间内消耗的电就越多，电池的工作时间缩短，这样笔记本的便携性就受到影响。所以笔记本硬盘一般都采用相对较低转速的 5400rpm 硬盘。

　　转速是随着硬盘电机性能的提高而改变的，现在液态轴承马达（Fluid Dynamic Bearing Motors）已全面代替了传统的滚珠轴承马达。液态轴承马达通常应用于精密机械工业上，它使用的是黏膜液油轴承，以油膜代替滚珠。这样可以避免金属面的直接摩擦，将噪声及温度减至最低；同时油膜可有效吸收震动，使抗震能力得到提高；更可减少磨损，提高寿命。

　　5. 硬盘缓存

　　缓存（Cache memory）是硬盘控制器上的一块内存芯片，具有极快的存取速度，它是硬盘内部存储和外界接口之间的缓冲器。由于硬盘的内部数据传输速度和外界传输速度不同，缓存在其中起到一个缓冲的作用。当磁头从硬盘盘片上将磁记录转化为电信号时，硬盘会临时性地将数据暂存到数据缓存内，当数据缓存内的暂存数据传输完毕后，硬盘会清空缓存，然后再进行下一次的填充与清空。这个填充、清空和再填充的周期与主机系统总线周期一致。缓存的大小与速度是直接关系到硬盘的传输速度的重要因素，能够大幅度地提高硬盘整体性能。当硬盘存取零碎数据时需要不断地在硬盘与内存之间交换数据，如果有大缓存，则可以将那些零碎数据暂存在缓存中，减小外系统的负荷，也提高了数据的传输速度。原来硬盘数据缓存多采用 EDO DRAM，而现在一般以 SDRAM 为主。

　　硬盘的缓存主要起三种作用：① 预读取。当硬盘受到 CPU 指令控制开始读取数据时，硬盘上的控制芯片会控制磁头把正在读取的簇的下一个或者几个簇中的数据读到缓存中（由于硬盘上数据存储时是比较连续的，所以读取的命中率较高），当需要读取下一个或者几个簇中的数据时，硬盘不需要再次读取数据，直接把缓存中的数据传输到内存中就可以了，由于缓存的速度远远高于磁头读写的速度，所以能够达到明显改善性能的目的。② 对写入动作进行缓存。当硬盘接到写入数据的指令之后，并不会马上将数据写入到盘片上，而是先暂时存储在缓存里，然后发送一个"数据已写入"的信号给系统，这时系统就会认为数据已经写入，并继续执行下面的工作，而硬盘则在空闲（不进行读取或写入时）时再将缓存中的数据写入到盘片上。虽然这对于写入数据的性能有一定提升，但也不可避免地带来了安全隐患——如果数据还在缓存里的时候突然掉电，那么这些数据就会丢失。对于这个问题，硬盘厂商们自然也有解决办法，即掉电时，磁头会借助惯性将缓存中的数据写入零磁道以外的暂存区域，等到下次启动时再将这些数据写入目的地。③ 临时存储最近访问过的数据。有时候，某些数据是会经常需要访问的，硬盘内部的缓存会将读取比较频繁的一些数据存储在缓存中，再次读取时就可以从缓存中直接传输。

缓存容量的大小，不同品牌、不同型号的产品各不相同，早期的硬盘缓存基本都很小，只有几百 KB，已无法满足用户的需求。8MB 缓存是现今主流硬盘所采用的，而在服务器或特殊应用领域中还有缓存容量更大的产品，甚至达到了 32MB、64MB 等。

大容量的缓存虽然可以在硬盘进行读写工作状态下，让更多的数据存储在缓存中，以提高硬盘的访问速度，但并不意味着缓存越大性能就越出众。缓存的应用存在一个算法的问题，即便缓存容量很大，而没有一个高效率的算法，那将导致应用中缓存数据的命中率偏低，无法有效发挥出大容量缓存的优势。算法是和缓存容量相辅相成的，大容量的缓存需要更为有效率的算法，否则性能会大大降低，从技术角度上说，高容量缓存的算法是直接影响到硬盘性能发挥的重要因素。更大容量缓存是未来硬盘发展的必然趋势。

6. 硬盘寻道时间

硬盘寻道时间是指硬盘磁头移动至指定磁道查找相应目标数据所用的时间，它是描述硬盘读取数据能力的关键标志之一，单位为 ms（毫秒）。这个时间越短，硬盘的读写速度也就会越快。一般来说，硬盘的转速增高时，其平均寻道时间将减少，硬盘单碟容量增大时，磁头的寻道动作和移动距离也将减小，从而可以减小平均寻道时间，加快硬盘速度。

最大寻道时间：磁头从最内道到最外道或从最外道到最内道所需时间。

最小寻道时间：磁头从所在磁道移动到相邻磁道所需时间。

7. 温度对硬盘可靠性影响

硬盘的工作状况和使用寿命与温度有很大的联系，硬盘使用中温度以 20～25℃为宜，温度过高或过低都会使晶振的时钟频率发生变化，重者还会造成硬盘中电路元件失灵，存储介质也会因热胀效应而造成记录错误。而温度过低，空气中的水分会被凝结在集成电路元件上，造成非常严重的短路。

硬盘是个精密的设备，对环境的要求非常严格，不单是温度，环境的震动、灰尘、湿度、污染物、散热等都会影响硬盘的正常工作。因此保持良好的运行环境是提高硬盘寿命及可靠性的基础。

8. 上电时间对硬盘可靠性的影响

因一般电子产品的失效率是随时间变化的，通常失效率函数曲线呈浴盆截面形状，所以也称为"浴盆曲线"，如图 4-3 所示。这条曲线分别对应电子产品三个不同时期。此曲线左边部分失效率呈递减状，称为早期失效期，在此期间，由于设计、制造工艺上的缺陷等原因，一开始产品失效较高，随着时间推移，表现出急剧下降的状态。曲线当中的平坦部分失效率保持恒定，称之为偶然失效期，在此期间，产品的失效率趋于稳定，产品的失效率最低，也最稳定，是产品的有效使用期。曲线的右边部分失效率呈递增状，称耗损失效期，在此期间，产品由于使用日久而逐渐老化、磨损、疲劳，因而失效率急剧增加。

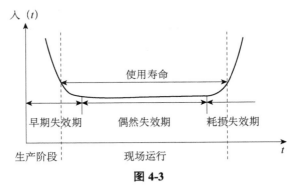

图 4-3

通常硬盘的可靠性指标用 MTBF（平均故障间隔时间）表示，其单位为"FIT"，$1\mathrm{FIT}=10^{-9}/\mathrm{h}$。

通常硬盘偶然失效期的 MTBF 为 30 万～60 万小时不等，年返修率为 1%～3%（包括软故障）。

通常认为硬盘的早期失效期为第 1 年的使用时间，早期失效期的失效率为偶然失效期失效率的 2～4 倍。早期失效期的故障主要由硬盘的设计、制造工艺问题，以及硬盘操作者不正确的使用造成。

通常硬盘的设计寿命（或 Service Life）为 5 年，对于设计寿命，通常的硬盘资料都会给出等价的上电时间，如有资料称某硬盘的设计寿命 5 年等价于 15 000 小时的上电时间，也有的硬盘资料称某硬盘的设计寿命 5 年等价于 20 000 小时的上电时间。影响硬盘寿命的主要是磁头、电机、轴承等运动的机械件。当驱动器接近寿命时通常轴承磨损且噪声变大、驱动器读/写性能下降等。

MTBF，即平均无故障时间，英文全称是"Mean Time Between Failure"，是衡量一个产品（尤其是电器产品）的可靠性指标，单位为"小时"。它反映了产品的时间质量，是体现产品在规定时间内保持功能的一种能力。具体来说，它是指相邻两次故障之间的平均工作时间，也称为平均故障间隔。它仅适用于可维修产品。同时也规定产品在总的使用阶段累计工作时间与故障次数的比值为 MTBF 。

9. 硬盘类型

（1）传统硬盘（Hard Disk Drive，HDD）

传统硬盘，即最基本的计算机存储器，计算机中常说的硬盘 C 盘、D 盘为磁盘分区，都属于硬盘驱动器。目前硬盘一般常见的磁盘容量为 80GB、128GB、160GB、256GB、320GB、500GB、750GB、1TB、2TB 等。硬盘按体积大小可分为 3.5 英寸、2.5 英寸、1.8 英寸等；按转数可分为 5400rpm/7200rpm/10000rpm 等；按接口可分为 PATA、

SATA、SCSI 等。PATA、SATA 一般为桌面级应用，容量大，价格相对较低，适合家用；而 SCSI 一般为服务器、工作站等高端应用，容量相对较小，价格较贵，但是性能较好，稳定性也较高。这种硬盘也是在视频监控系统中使用最多的类型。

（2）混合硬盘（Hybrid Hard Drive，HHD）

它是既包含传统硬盘又包含闪存（Flash Memory）模块的大容量存储设备。闪存处理存储中写入或恢复最频繁的数据，应用中数据存储与恢复更快，功耗降低，硬盘寿命延长。

（3）固态硬盘（Solid State Drive，SSD）

固态硬盘是用固态电子存储芯片阵列制成的硬盘，由控制单元和存储单元（Flash 芯片、DRAM 芯片）组成。固态硬盘在接口的规范和定义、功能及使用方法上与普通硬盘完全相同，在产品外形和尺寸上也完全与普通硬盘一致。拥有读写速度快、防震抗摔性好、低功耗、无噪声、工作温度范围大的优点。

10. 硬盘接口技术

硬盘接口分为 IDE、SATA、SCSI、SAS 和光纤通道 5 种，IDE 接口硬盘多用于家用产品中，也部分应用于服务器，SCSI 接口的硬盘则主要应用于服务器市场，而光纤通道只用于高端服务器上，价格昂贵。SATA 主要应用于家用市场，有 SATA、SATA II、SATAIII，是现在的主流接口。

IDE（Integrated Drive Electronics），即"电子集成驱动器"，常见的 2.5 英寸 IDE 硬盘接口。它的本意是指把"硬盘控制器"与"盘体"集成在一起的硬盘驱动器。把盘体与控制器集成在一起的做法减小了硬盘接口的电缆数目与长度，数据传输的可靠性得到了增强，硬盘制造起来变得更容易，因为硬盘生产厂商不需要再担心自己的硬盘是否与其他厂商生产的控制器兼容。对用户而言，硬盘安装起来也更为方便。IDE 这一接口技术从诞生至今就一直在不断发展，性能也不断提高，其拥有的价格低廉、兼容性强的特点，为其造就了其他类型硬盘无法替代的地位。

SATA（Serial ATA）口的硬盘又叫串口硬盘，采用串行连接方式，串行 ATA 总线使用嵌入式时钟信号，具备了更强的纠错能力，与以往相比其最大的区别在于能对传输指令（不仅仅是数据）进行检查，如果发现错误会自动矫正，这在很大程度上提高了数据传输的可靠性。串行接口还具有结构简单、支持热插拔的优点。SATA 1.0 定义的数据传输率可达 150Mbps，这比目前最新的并行 ATA（即 ATA/133）所能达到 133Mbps 的最高数据传输率还高，而在 SATA 2.0 的数据传输率将达到 300Mbps，最终 SATA 将实现600Mbps 的最高数据传输率，如表 4-2 所示。

表 4-2　不同 SATA 版本的带宽和速度

版本	带宽	速度	数据线最大长度
SATA 3.0	6Gbps	600Mbps	2m
SATA 2.0	3Gbps	300Mbps	1.5m
SATA 1.0	1.5Gbps	150Mbps	1m

SCSI（Small Computer System Interface）小型计算机系统接口，一种用于计算机和智能设备之间（硬盘、软驱、光驱、打印机、扫描仪等）系统级接口的独立处理器标准。它是一种智能的通用接口标准，具备与多种类型的外设进行通信。SCSI 采用 ASPI

（高级 SCSI 编程接口）的标准软件接口使驱动器和计算机内部安装的 SCSI 适配器进行通信。SCSI 接口广泛应用于小型机上的高速数据传输技术。

SAS（Serial Attached SCSI，序列式 SCSI）是一种计算机集线的技术，其功能主要是作为周边零件的数据传输，如硬盘、CD-ROM 等设备而设计的界面。序列式 SCSI 由并行 SCSI 物理存储接口演化而来，与并行方式相比，序列方式能提供更快的通信传输速度以及更简易的配置。此外 SAS 并支持与序列式 ATA（SATA）设备兼容，且两者可以使用相类似的电缆。

光纤通道硬盘是为提高多硬盘存储系统的速度和灵活性才开发的，它的出现大大提高了多硬盘系统的通信速度。光纤硬盘拥有光纤通道接口（Fibre Channel，FC）的硬盘，拥有此接口的硬盘在使用光纤连接时具有热插拔性、高速带宽（4Gbps）、远程连接等特点，限制于其高昂的售价，通常用于高端服务器领域。

4.1.2　存储架构

按照存储的体系架构划分，目前主流的有 DAS（Direct Attached Storage，直接连接存储）、NAS（Network Attached Storage，网络附加存储）、SAN（Storage Area Network，存储区域网络）三种模式，其发展的动力源于系统对转发和存储的要求不断提高，大型复杂的系统推动了存储架构的发展。

（1）DAS 采用 SCSI 和 FC 技术，将外置存储设备通过光纤直接连接到一台计算机上，数据存储是整个服务器结构的一部分。

（2）NAS 是一种专业的网络文件服务器，或称为网络直连存储设备，使用 NFS 或 CIFS 协议，通过 TCP/IP 进行文件级访问。

（3）SAN 是以数据存储为中心的专用存储网络，网络结构可伸缩，可实现存储设备和应用服务器之间数据块级的 I/O 数据访问。按照所使用的协议和介质，SAN 分为 FC-SAN、IP-SAN。

1. DAS 技术

在 DAS 存储体系结构中，当需要增加系统的存储容量时，一般采用增加磁盘阵列 RAID。DAS 存储设备可以是磁带、磁盘、磁盘阵列和磁带库，典型的 DAS 存储设备是各类磁盘阵列，磁盘阵列提供自动备份功能，在大型的监控存储中不允许丢失数据，所以如何提供 RAID 功能就显得很重要。

这种存储技术架构简单，但存储设备与服务器直接相连，导致连接的存储设备及其存储的数据有限，而且整个系统中的数据分散、共享和管理比较困难；另外，由于客户机的数据访问必须通过服务器，然后经过 I/O 总线访问相应的存储设备，当客户连接数增多时，I/O 总线将成为一个潜在的瓶颈。DAS 方式无法实现物理存储设备对多服务器的物理共享，目前虽然单台存储设备的容量不断提高，然而随着系统整体存储容量和使用存储资源服务器数量的提升会造成存储设备的使用效率、管理、维护以及应用软件的开发成本增加。

因此在存储系统的物理存储方式选择上，DAS 连接结构对于中心存储容量和性能要求不高的情况，仍然是理想的选择。随着平台整体容量的扩展，需要向 SAN 或 NAS 架构迁移。

DAS 架构的优点有以下几点：

- DAS 采用以服务器为核心的架构，系统建设初期成本比较低。
- 维护比较简单。
- 对于小规模应用比较合适。

DAS 架构的缺点有以下几点：

- DAS 架构下，数据的读写完全依赖于服务器，数量增长后，响应性能下降。
- DAS 的架构决定了其很难实现集中管理，整体拥有成本较高。
- 没有管理系统，数据的备份和恢复需要在每台服务器上单独做。
- 不同的服务器连接不同的磁盘，相互之间无法共享存储资源，容量再分配很困难。
- DAS 连接方式导致服务器和存储设备之间的连接距离有限制。

2. NAS 技术

NAS 是在 TCP/IP 基础上提供文件的存储服务，NAS 适宜于通过 LAN 传输存储文件和共享文件，客户端直接通过 NAS 系统实现与存储设备之间的数据交互。NAS 作为一种网络附加存储设备，采用嵌入式技术，具有无人值守、高度智能、性能稳定、功能专一的特点。

NAS 存储的体系架构，如图 4-4 所示，NAS 存储设备功能上独立于网络中的主服务器，不占用服务器资源。NAS 产品直接通过网络接口连接到网络上，简单地配置 IP 地址后，就可以被网络上的用户共享使用。NAS 直接运行文件系统，如 NFS（Network File System）、CIFS（Common Internet File System）等，另外通过设置 NAS 可以实现不同的客户端之间数据共享。一般的，NAS 设备内置优化的独立存储操作系统，可以有效地释放系统总线资源，全力支持 I/O 存储，提供文件级共享服务，广泛支持各种操作系统及应用。另外，由于 NAS 设备直接接入网络中，所以整个系统的扩展性好，安装简单、方便。同时 NAS 设备一般集成本地的备份软件，可以不经过服务器将 NAS 设备中的重要数据进行本地备份，而且 NAS 设备提供硬盘 RAID、冗余的电源、风扇和控制器，可以保证稳定运行。

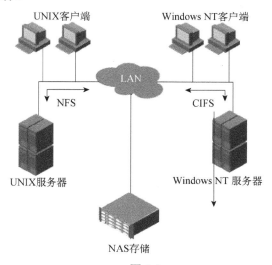

图 4-4

NAS 自身的共享设计使其非常适用于流媒体行业的应用，而且就目前存储发展来讲，NAS 和 SAN 之间的界限越来越模糊，许多厂商的 NAS 产品既支持 IP 访问又支持 FC-SAN 访问，由此造成了 NAS 的多种连接方式。

NAS 架构的优点有以下几点：

- NAS 的架构将服务器解脱出来，服务器不再是系统的瓶颈。
- NAS 部署简单，不需要特殊的网络建设投资，通常只需网络连接即可。
- NAS 服务器的管理非常简单，一般都支持 Web 的客户端管理。
- NAS 设备的物理位置非常灵活。
- NAS 允许用户通过网络存取数据，无须应用服务器的干预。

NAS 架构的缺点有以下几点：

- NAS 下处理网络文件系统 NFS 或 CIFS 需要很大的开销。
- NAS 只提供文件级而不是块级别的服务，不适合多数数据库及部分视频存储应用。
- 客户对磁盘没有完全的控制，如不能随便格式化磁盘。
- 由于 NAS 在数据传输时对带宽资源的消耗比较大，所以 NAS 系统的性能受到网络负载的限制。在增加主机后对性能的负面影响方面，NAS 的表现不如 SAN。

3. SAN 技术

SAN 是一种以网络为中心的存储结构，不同于普通以太网。SAN 是位于服务器后端，为连接服务器、磁盘阵列、带库等存储设备而建立的高性能专用网络。在 SAN 网络中，包含了多种元素，如适配器、磁盘阵列、交换机等，因此 SAN 是一个系统而不是独立的设备。SAN 以数据存储为中心，采用可伸缩的网络拓扑结构，通过具有高传输速率的光通道直接连接，提供 SAN 内部任意节点之间的多路可选择的数据交换，并且将数据存储管理集中在相对独立的存储区域网内。SAN 存储的体系架构如图 4-5 所示。

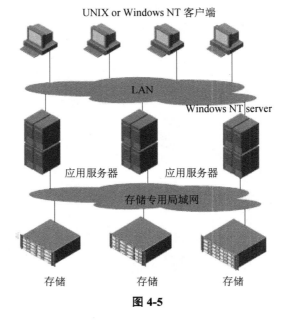

图 4-5

与 DAS 和 NAS 存储相比，SAN 的优势在于所有的数据处理都不是由服务器完成的。SAN 是一种将存储设备、连接设备和接口集成在一个高速网络中的技术，它本身就是一个存储网络，承担了主网络中的数据存储任务。在 SAN 中，所有的数据传输在高速网络中进行，其存储实现的是直接对物理硬件的块级存储访问，提高了存储的性能和升级能力。

根据存储网络所采用的传输协议和物理介质的不同，SAN 有 FC-SAN（采用光纤传输）、IP-SAN（采用以太网传输）等多种实现方式。FC-SAN 采用高速的光纤通道构成存储网络，是 SAN 的主流技术，造价高，传输速率快。随着 IP 技术的不断成熟和发展，基于 IP 的 SAN 存储通过以太网传输，组网灵活，扩展性好，集合了以太网和 IP 的开放性及块存储多方面的优点，并以 IP iSCSI 替代光纤通道协议实现端到端的 SAN 存储。

SAN 架构的优点有以下几点：
- 开放的后端网络共享方式，增加存储设备时具有更大的灵活性。
- 建设专用存储区网络，性能好、带宽高。
- SAN 支持数据库等应用。

SAN 架构的缺点有以下几点：
- 后端光纤交换设备价格偏高，投资较大。
- 在服务器上处理文件，对前端服务器配置有较高的要求。
- 对大量小文件读写性能没优势。
- 对管理维护人员的技术水平要求比较高。

4.2　磁盘阵列技术

RAID 技术是由美国加州大学伯克利分校 D.A. Patterson 教授在 1988 年提出的，作为高性能、高可靠的存储技术，在今天已经得到了广泛的应用。

RAID 为独立冗余磁盘阵列（Redundant Array of Independent Disks），RAID 技术将一个个单独的磁盘以不同的组合方式形成一个逻辑硬盘，从而提高了磁盘读取的性能和数据的安全性。不同的组合方式用 RAID 级别来标志，不同的 RAID 级别代表着不同的存储性能、数据安全性和存储成本，在各个 RAID 级别中，使用最广泛的是 RAID0、RAID1、RAID5、RAID6、RAID10、RAID50，如表 4-3 所示。其中视频监控系统中，使用得比较多的是 RAID5。

表 4-3　RAID 各级别及说明

级别	说明
RAID0	数据条带化，无校验
RAID1	数据镜像，无校验
RAID5	数据条带化，校验信息分布式存放
RAID6	数据条带化，校验信息分布式存放，允许损坏 2 块硬盘
RAID10	RAID0 和 RAID1 的结合，同时提供数据条带化和镜像
RAID50	先做 RAID5，后做 RAID0，能有效提高 RAID5 的性能

4.2.1　RAID0

RAID0 定义为无容错条带硬盘阵列。

RAID0 以条带的形式将数据均匀分布在阵列的各个磁盘上，如图 4-6 所示。RAID0 在存储数据时由 RAID 控制器将数据分割成大小相同的数据条，同时写入并联的阵列磁盘中；在读取时，也是顺序地从阵列磁盘中读取后再由 RAID 控制器进行组合。

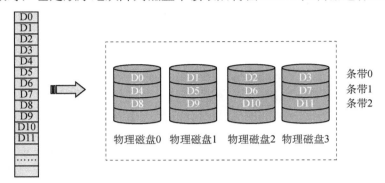

图 4-6

构成 RAID0 至少需要 2 块磁盘。

RAID0 可以并行地执行读写操作，也可以充分利用总线的带宽。理论上讲，一个由 N 个磁盘组成的 RAID0 系统，它的读写性能将是单个磁盘读取性能的 N 倍，且磁盘空间的存储效率最大（100%）。RAID0 的缺点是，不提供数据冗余保护，一旦磁盘损坏，存储的数据将无法恢复。

RAID0 的特点是它特别适用于对存储性能要求较高，而对数据安全要求并不高的领域。

4.2.2　RAID1

RAID1 又称为 Mirror 或 Mirroring，中文称为镜像。

RAID1 将数据完全一致地分别写到两组成员磁盘，当一组包含的磁盘数为 N 时，RAID1 阵列所需磁盘总数为 $2N$，如图 4-7 所示。

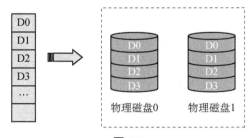

图 4-7

通过两组磁盘存放同一份数据，RAID1 实现了 100% 的数据冗余。

和 RAID0 相比，RAID1 的读写方式完全不同。例如，阵列包含两个磁盘，在写入时，RAID 控制器并不是将数据分成条带，而是将数据同时写入两个磁盘中；在读取时，首先从其中一个磁盘读取数据，如果读取成功，就不用去读另一个磁盘中的数据；如果其中任何一个磁盘的数据出现问题，可以马上从另一个磁盘中进行读取，不会造成工作任务的间断。两个磁盘存在相互镜像的关系，可以相互恢复。

RAID1 阵列通过镜像冗余方式可以实现理论上两倍的读取速度，但它的写性能没有明显的改善；另外，RAID1 磁盘的空间利用率低，只有 50%。

RAID1 技术重点是如何在不影响性能的情况下最大限度地保证系统的可靠性和可修复性，RAID1 在需要高可用性的数据存储环境如财务、金融等用户中得到广泛的应用。

4.2.3 RAID5

RAID5 在 RAID0 的基础上增加了校验信息，不同磁盘上处在同一带区的数据做异或运算得到校验信息，校验信息均匀地分散到各个磁盘上。当一个数据盘损坏时，系统可以根据同一带区的其他数据块和对应的校验信息来重构损坏的数据，如图 4-8 所示。

图 4-8

RAID5 可以为系统提供数据安全保障，但保障程度要比 RAID1 低，而磁盘空间利用率要比 RAID1 高。RAID5 具有和 RAID0 相近的数据读取速度，只是多了一个奇偶校验信息，写入数据的速度比对单个磁盘进行写入操作稍慢。同时由于多个数据对应一个奇偶校验信息，RAID5 的磁盘空间利用率要比 RAID1 高，存储成本相对较低。

RAID5 的整体性能良好，但在做写操作时，需要读取同一带区其他磁盘的数据，计算校验值并写入到相应的校验盘中，所以它在写操作上的表现中等。

RAID5 有着复杂的控制器设计，而且当更换了损坏的磁盘之后，系统必须逐个数据块地重建坏盘中的数据，耗费的时间长，也比较占用 CPU 资源。

RAID5 既能实现读性能上的提升，也能保证数据的安全性，所以目前在存储市场中应用非常广泛。

4.2.4 RAID6

RAID6 技术是在 RAID5 基础上，为了进一步加强数据保护而设计的一种 RAID 方式，实际上是一种扩展的 RAID5 等级。与 RAID5 的不同之处在于除了每个硬盘上都有同级数据 XOR 校验区外，还有一个针对每个数据块的 XOR 校验区。当然，当前盘数据块的校验数据不可能存在当前盘中而是交错存储的，具体形式如图 4-9 所示。这样一来，等于每个数据块有了两个校验保护屏障（一个分层校验，一个是总体校验），因此 RAID6 的数据冗余性能相当好。但是，由于增加了一个校验，所以写入的效率较 RAID5 还差，而且控制系统的设计也更为复杂，第二块的校验区也减少了有

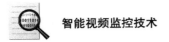

效存储空间。

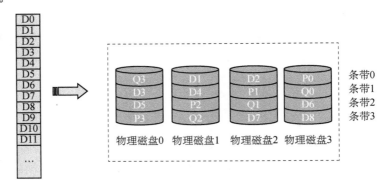

图 4-9

与 RAID5 相比，RAID6 增加了第二个独立的奇偶校验信息块。两个独立的奇偶系统使用不同的算法，数据的可靠性非常高，即使两块磁盘同时失效也不会影响数据的使用。但 RAID6 需要分配给奇偶校验信息更大的磁盘空间，相对于 RAID5 有更大的"写损失"，因此"写性能"非常差。较差的性能和复杂的实施方式使得 RAID6 很少得到实际应用。

4.2.5 RAID10

RAID10 是一个 RAID0 与 RAID1 的组合体，它是利用奇偶校验来实现条带集镜像的，所以它继承了 RAID0 的快速和 RAID1 的安全，其具体形式如图 4-10 所示。RAID1 在这里就是一个冗余的备份阵列，而 RAID0 则负责数据的读写阵列。其实，这只是一种 RAID10 方式，更多的情况是从主通路分出两路，做 Striping 操作，即把数据分割，而这分出来的每一路则再分两路，做 Mirroring 操作，即互做镜像。

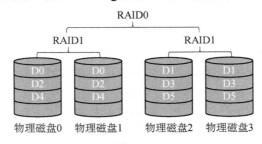

图 4-10

RAID10 对存储容量的利用率和 RAID1 一样低，只有 50%。因此，RAID10 的高可靠性与高效磁盘结构是一个带区结构加一个镜像结构，可以达到既高效又高速的目的，RAID10 能提供比 RAID5 更好的性能。这种新结构的可扩充性不好，但其解决方案被广泛应用，使用此方案比较昂贵。

4.2.6 RAID50

RAID50 是 RAID5 与 RAID0 的结合，如图 4-11 所示。此配置在 RAID5 的子磁盘组的每个磁盘上进行包括奇偶信息在内的数据的剥离。每个 RAID5 子磁盘组要求有三个硬盘。RAID50 具备更高的容错能力，因为它允许某个组内有一个磁盘出现故障，而不会造成数据丢失。而且因为其奇偶位分布于 RAID5 子磁盘组上，故重建速度有很大的提高。

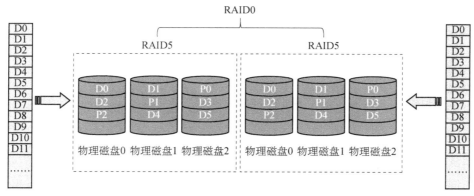

图 4-11

它具有 RAID5 和 RAID0 的共同特性。它由两组 RAID5 磁盘组成（每组最少 3 个），每一组都使用了分布式奇偶位，而两组硬盘再组建成 RAID0，实现跨磁盘抽取数据。RAID50 提供可靠的数据存储和优秀的整体性能，并支持更大的卷尺寸。即使两个物理磁盘发生故障（每个阵列中一个），数据也可以顺利恢复过来。

RAID50 最少需要 6 个驱动器，它最适合需要高可靠性存储、高读取速度、高数据传输性能的应用。这些应用包括事务处理和有许多用户存取小文件的办公应用程序。

4.2.7　JBOD

JBOD（Just Bundle Of Disks）译成中文可以是"简单磁盘捆绑"，通常又称为 Span（磁盘簇），是在一个底板上安装的带有多个磁盘驱动器的存储设备。JBOD 不是标准的 RAID 级别，它只是在近几年才被一些厂家提出，并被广泛采用的。

JBOD 是在逻辑上把几个物理磁盘一个接一个串联到一起，从而提供一个大的逻辑磁盘。JBOD 上的数据简单地从第一个磁盘开始存储，当第一个磁盘的存储空间用完后，再依次从后面的磁盘开始存储数据。

JBOD 存取性能完全等同于对单一磁盘的存取操作，也不提供数据安全保障。它只是简单地提供一种利用磁盘空间的方法，它的存储容量等于组成 JBOD 的所有磁盘的容量的总和。

JBOD 的优势在于成本的低廉，主要应用于商务成本低、可靠性要求又不高的场景。例如监控系统里面价格较为便宜的低端 ECR/NVR 设备，由于硬盘容量不够可以采用 JBOD 阵列。

4.2.8　磁盘阵列技术小结

RAID0：性能在所有阵列类别里面是最好的，磁盘利用率最高，但是它不提供任何形式的冗余策略，可靠性差。

RAID1：硬盘利用率低，需要 2 倍存储空间，相同存储需求下成本就比较高。

RAID5：性能、可靠性、磁盘利用率等综合性较好，是使用最广泛的 RAID 级别，在监控系统中也是应用最多的一种阵列级别。

RAID6：可靠性高，有两块冗余磁盘，可以同时存在两块故障硬盘，但是需要二次计算校验，从而导致写入性能较 RAID5 差。

RAID10：综合了 RAID0 和 RAID1 各自的特点；可靠性高，性能好，但磁盘利用率低，和 RAID1 一样需要 2 倍的存储空间。

RAID50：读性能好，可靠性高，可以支持多块磁盘冗余，但是故障硬盘需要位于不同子 RAID5 里面。

JBOD：性能差，没有冗余，但是实现方式简单，商务成本低。

4.3　云存储技术

云存储是在云计算（Cloud Computing）概念上延伸和发展出来的，具体是指通过集群应用、网络技术或分布式文件系统等技术，将网络中大量不同类型的存储设备通过应用软件集合起来协同工作，共同对外提供数据存储和业务访问功能的一种技术。与传统的存储设备相比，云存储不仅仅是一个硬件，而是一个网络设备、存储设备、服务器、应用软件、公用访问接口、接入网和客户端程序等多个部分组成的复杂系统。用户可以通过若干种方式来使用存储，并按使用（时间、空间或两者结合）情况付费。

云存储有三种模型：公有云、私有云、混合云。

1. 公有云

公有云是面向大众提供计算资源的服务。由商业机构、学术机构或政府机构拥有、管理和运营，公有云在服务提供商的场所内部署。用户通过互联网使用云服务，根据使用情况付费或通过订购的方式付费，如图 4-12 所示。

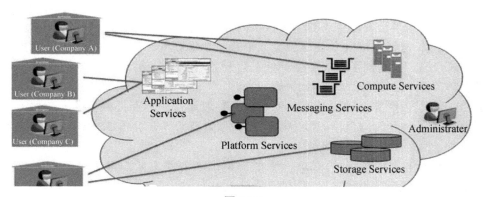

图 4-12

公有云的优势是成本低，扩展性非常好。其缺点是对于云端的资源缺乏控制、保密数据的安全性、网络性能和匹配性问题。公有云服务提供商有 Amazon、Google 和微软等。

2. 私有云

在私有云模式中，云平台的资源为包含多个用户的单一组织专用。私有云可由该组织、第三方或两者联合拥有、管理和运营。私有云的部署场所可以是在机构内部，也可以在外部。下面是私有云的两种实现形式。

（1）内部（on-premise）私有云

内部私有云也被称为内部云，由组织在自己的数据中心内构建，如图 4-13（a）所示。该形式在规模和资源可扩展性上有局限性，但是却有利于标准化云服务管理流程和安全性。组织依然要为物理资源承担资金成本和维护成本。这种方式适合那些需要对应用、平台配置和安全机制完全控制的机构。

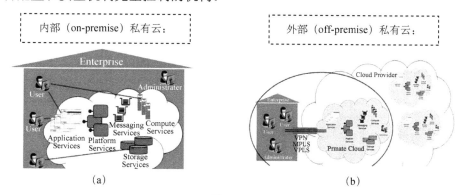

图 4-13

（2）外部（off-premise）私有云

这种私有云部署在组织外部，由第三方机构负责管理如图 4-13（b）所示。第三方机构为该组织提供专用的云环境，并保证隐私和机密性。该方案相对内部私有云成本更低，也更便于扩展业务规模。图 4-14 所示的是一个典型的外部私有云结构图。

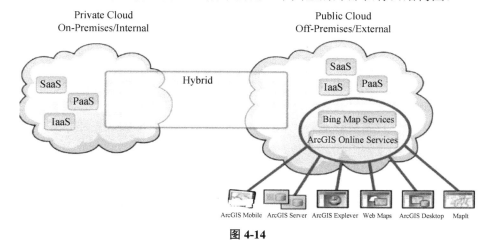

图 4-14

3. 混合云

在混合云模式中，云平台由两种不同模式（私有或公有）云平台组合而成。这些平台依然是独立实体，但是利用标准化或专有技术实现绑定，彼此之间能够进行数据和应用的移植（例如，在不同云平台之间的均衡）。

应用混合云模式，一个机构可以将次要的应用和数据部署到公有云上，充分利用公有云在扩展性和成本上的优势。同时将关键型应用和数据放在私有云中，安全性更高。

4. 云存储系统的结构

云存储系统的结构模型由 4 层组成：存储层、基础管理层、应用接口层和访问层，如图 4-15 所示。其中存储层是云存储最基础的部分。存储设备可以是 FC 光纤通道存储设备，也可以是 NAS 和 iSCSI 等 IP 存储设备，还可以是 SCSI 或 SAS 等 DAS 存储设备。云存储中的存储设备往往数量大且分布不同区域，彼此之间通过广域网、互联网或者 FC 光纤通道网络连接在一起。

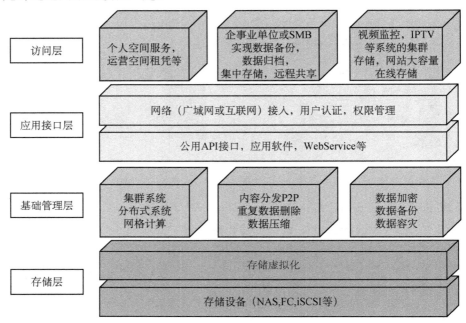

图 4-15

基础管理层是云存储最核心的部分，也是云存储中最难以实现的部分。基础管理层是通过集群、分布式文件系统和网络计算等技术，实现云存储中多个存储设备之间的协同工作，使多个存储设备可以对外提供同一种服务，并提供更大、更强、更好的数据访问性能。

应用接口层是云存储最灵活多变的部分。不同的云存储运营单位可以根据实际业务类型，开发不同的应用服务接口，提供不同的应用服务。

访问层是任何一个授权用户都可以通过标准的公共应用接口来登录云存储系统，享受云存储服务。云存储运营单位不同，云存储提供的访问类型和访问手段也不同。

云存储的优势有：

- 按实际所需空间租赁使用，按需付费，有效降低企业实际购置设备的成本。
- 无须增加额外的机房机柜、硬件设施或配备专人负责维护，减少管理难度。
- 数据复制、备份、服务器扩容等工作交由云提供商执行，可集中精力于自己的主业。
- 随时可以提供业务需求对存储空间进行在线扩展增减，存储空间灵活可控。

4.4　视频监控中的存储应用

安防视频监控行业随着智慧城市和智能交通的快速发展，前端摄像头的快速激增，产生了海量的非结构化图片或者音视频数据，带动了大数据的存储、管理、分析等应用。各个厂商都不甘落后，纷纷推出基于计算、存储、网络等云产品解决方案。

在满足客户需求的前提之下，往往技术成本越低的方案更加容易获得客户的青睐。由于业务以及数据量的急速扩大，原有的硬件不足以支撑业务的发展，一味地提升硬件配置，使得后期建设、维护、扩容、管理的成本更高。云存储的出现避免了重复建设，降低了运营维护成本。

安防视频监控数据具有私密性高、保密性强的特点，不仅是事后追查的依据，而且是后续数据分析挖掘的基础。数据安全不单要不受到外界数据的入侵和非法获取，也要保证系统软硬件的稳定可靠运行，更要保证数据的完整性和可恢复性。传统的存储设备承载了极大的风险，云存储可以有效地解决这些问题。

视频录像数量级非常大，对传输、存储和计算的带宽要求高。各种各样的平台以及业务系统进行互联，跨地域跨国界的互联都需要进行资源的共享，怎样实现数据高效共享对传统存储有很大挑战。

4.4.1　视频监控存储概述

视频存储是网络视频监控系统应用中非常重要的应用。海量的视频数据通常需要进行长时间的存储，并为日后的视频录像资料检索、回放等提供服务。用户可以通过系统提供的应用检索界面，对某路、某个时间段的监控录像进行检索、回放等提供服务。用户可以通过系统提供的应用检索界面，对某路、某个时间段的监控录像进行检索、回放或导出生成文件。从磁带到硬盘，从 IDE 到 SAS 接口，从单磁盘、JBOD 到各种 RAID 技术，从 DAS 到 NAS、SAN 架构，存储领域的每一次技术变革都带动了视频存储领域相应的发展。

视频监控系统中采用的存储设备在数据读写方式上具有与其他类型系统不同的特点。视频监控系统一般具有监控点多（摄像头数量多）、视频数据流量大、存储时间长、24 小时连续不间断作业等特点。在视频监控应用中主要的应用是视频码流的写入，具体特点如下：

- 视频数据以流媒体方式写入存储设备或从存储设备回放，与传统的文件读写不同。
- 多路视频长时间同时写入到同一个存储设备中，要求存储系统能长期稳定的工作。
- 实时多路视频写入要求存储系统具有高带宽，且恒定。
- 容量需求巨大，存储扩展性能要求高，可在线更换故障设备或进行扩容。
- 多路并发读写时对存储设备性能要求非常高。

4.4.2　视频监控存储需求

视频监控系统的非标准化特点决定了存储在监控领域的多样化特性。存储一般来说分为 DVR 存储、NVR 存储、编码器前端存储、IP SAN 集中存储、云存储 5 种方式，但是无论系统规模大小，视频监控的应用对存储的基本需求相同。

（1）海量存储的需求。监控数据是 7×24 小时写入的，存放时间从 7 天、15 天……甚

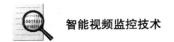

至 1 年，数据量随时间增加线性增长。对于一个平安城市项目而言，总的监控路数通常有几千到上万路，上千 TB 的项目比较常见，这对于传统的存储行业是难以想象的。

（2）性能的要求。视频监控主要是视频码流的写入，表征性能的是存储能支持多少路码流（通常是 1～8Mbps）。在多路并发写的情况下，对带宽、数据处理能力、缓存等都有较大影响，对存储的性能及可靠性压力很大，这时候存储需要有专门针对视频数据性能的优化处理。并且在存储数据的同时，还需要精确调取数据。

（3）价格的敏感。安防监控行业的海量存储数据，由于总容量大，造成总的价格成本上升。反而言之，对单位容量成本（每 TB 价格）的要求很高。

（4）集中管理的要求。在安防监控应用中，由于需要大量存储设备，存储设备中的海量数据，必须被有效地管理起来，对最终用户的使用提供方便、可靠、透明的支持。

（5）网络化要求。TCP/IP 网络是安防监控技术向网络化方向发展的网络基础，基于 TCP/IP 网络的存储技术将在安防监控技术网络化进程中发挥不可替代的作用。

4.4.3　视频监控存储方式

1. DVR 存储

DVR 存储是目前最常见的一种存储方式，编解码设备直接挂接硬盘，目前最多可带 8 盘硬盘。但由于编解码设备性能的限制，一般采用硬盘顺序写入的模式，没有应用 RAID 冗余技术来实现对数据的保护。随着硬盘容量的不断增大，单片硬盘故障导致关键数据丢失的概率在同步增长，且 DVR 性能上的局限性也影响了图像数据的共享及分析。这种方式的特点是：价格便宜，使用起来方便，通过遥控器和键盘就可以操作；DVR 方式适合于小规模、分布式的部署。

2. NVR 存储

在视频监控系统中，NVR 是硬盘录像机的升级换代产品，NVR 采取高度集成化的芯片技术，拥有先进的数字化录像、存储和重放功能，不需要更换和存储录像带，无须计算机配合和日常维护，因此，能够实现高分辨率、高质量实时监控，并且简单易用。简单来说，NVR 系统将传统的视频、音频及控制信号数字化，通过 NVR 设备上的网络接口，以 IP 包的形式在网络上传输，在 DVR 的基础上，实现了系统的网络化。配合现在市场上流行的 IPC，实现了视频采集与存储相分离，是市场上主流解决方案。

3. 编码器前端存储

编码器前端存储，通过编解码设备的外部存储接口连接，主要采用 SATA、USB、iSCSI 和 NAS 等存储协议扩展。这种方式可以实现编解码设备容量的再扩展，适合于中小规模的部署，监控视频数据通过 RAID 技术在可靠性上得到了一定保证。其中 SATA/USB 模式采用的直连方式，不能共享并且扩展能力较低，目前应用逐渐被淘汰，在 IP 网络（iSCSI 和 NAS）方式下具有更好的扩展能力和共享能力。

4. IP SAN 集中存储

IP SAN 集中存储直接连接前端编解码器或 IPC，通过流媒体协议下载数据，然后存放到存储设备上。编码器或 IPC 和存储设备之间通过 iSCSI 协议连接。IP SAN 集中存储方式适合于大中型平台的部署。在 IP SAN 集中存储方式中，IP 连接模式（iSCSI）有良好的扩展能力和可管理性，是目前采用较多的方式之一。从实际的部署和效果来讲，IP

SAN 存储具有更高的性价比，是目前市场上主流方案。

5. 云存储

云存储在企业中常用公有云存储和私有云存储两种。

● 公有云存储。在家用视频监控系统中，摄像机的图像通过因特网将数据传输到摄像机厂家部署在公网上的云存储系统中。摄像机厂家通过虚拟化软件把大量的存储设备集合起来协同工作，部署在公网提供给最终用户使用。

● 私有云存储。在平安城市等大规模视频监控系统中，通过私有云存储，实现对存储资源集中管理，动态为摄像机分配存储资源，实现即插即用，并且可以无限扩容。

4.5 存储方案介绍

4.5.1 通用存储解决方案

SAN 和 NAS 经常被视为两种竞争技术，实际上，二者能够很好地相互补充，以提供对不同类型数据的访问。SAN 可以提供针对海量、面向数据块的数据传输，而 NAS则提供文件级的数据访问和共享服务。

监控系统中前端 IPC/EC 以及卡口电警等设备往存储中写入数据分为两种，IPC/EC设备传输的主要是视频数据，卡口电警设备传输的主要是视频和图片数据。

视频数据可以通过 iSCSI 协议写入 SAN 资源，第三方的前端也可以将视频流发送到流媒体服务器或者 DA（Device Agent）服务器上，服务器再通过 iSCSI 协议或者NFS/CIFS/FTP 协议挂载存储资源到本地进行视频存储；图片数据由前端发给 TMS 设备，再由 TMS 转存到存储资源中，其属于文件数据可以通过 iSCSI 直接写入存储的SAN 资源（文件系统建在 TMS 上），也可以通过 NFS/CIFS/FTP 协议写入存储的 NAS 资源（文件系统建在存储上）。IP SAN&NAS 应用模式，如图 4-16 所示。

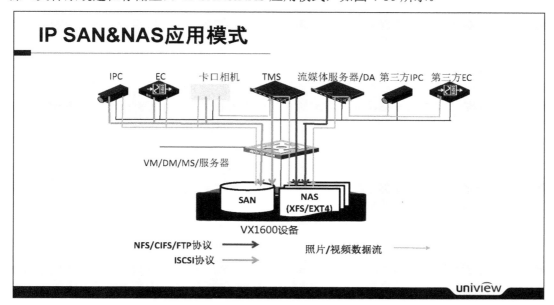

图 4-16

4.5.2 云存储解决方案

随着近年来数字设备的不断普及，视频图片等文件的大量产生，对各种存储的需求量随之激增，对存储的低成本和高扩展性提出了新的挑战。传统的存储架构很难适应这些应用场景，UCS 存储系统在横向扩展和纵向扩展方面都做了比较好的延伸，随着存储节点的增加，系统的性能也得到了提升，可以很好地满足这些应用场景，示例如图 4-17 所示。

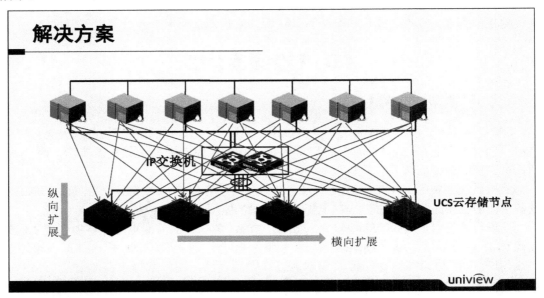

图 4-17

UCS 存储系统可以应用于各式各样的 PC 和服务器通过对应的协议访问到存储的资源，获取一部分空间给自身进行使用，如下列举了几个应用的场景：监控流媒体服务器挂载、办公 PC 挂载、Web 服务器挂载、文件归档存储。

● 传统的云存储集群系统存在接入节点设备，UCS 系统摒弃接入节点设备，省掉接入节点服务器成本，组网更加简单方便。

● 客户端（媒体服务器、卡口服务器、电警服务器等）与 UCS 系统建立连接后，客户端写入的数据会均匀分布到各个存储节点上去，而客户端侧的负载均衡和高可用性是基于客户端软件的。

● 通过云存储控制器在云存储系统中建立复制卷或者纠删码卷即可实现数据不同程度的冗余备份，极大地增强了数据的可靠性。

● 客户端数据直接写入到云存储节点，当某个云存储节点发生故障，客户端会重新访问其他云存储节点进行写入数据，从而保证数据写入不中断。

UCS 云存储主要用于文件系统的应用，需要横向扩展于海量存储中，如图 4-18 所示。在智能交通和平安城市应用中，第三方平台通过流媒体服务器或者图片服务器将前端摄像机的图片以及音视频码流存储到对应的存储资源中，一般使用的就是文件转存的方式，具有文件多、占用容量大的数据特点。平台若使用第三方系统，则非常适用海量大文件存储解决方案，提供横向扩展和海量存储。海量数据备份应用，如图 4-19 所示。

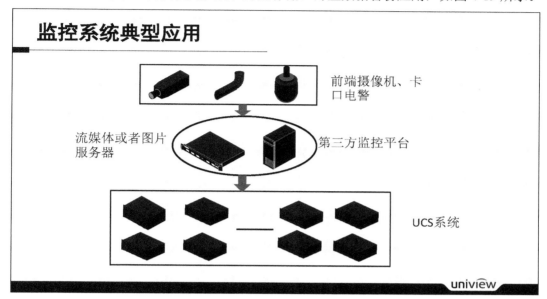

图 4-18

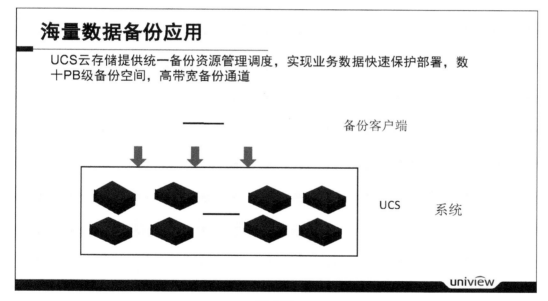

图 4-19

● UCS 系统提供统一备份资源管理调度，满足客户不同业务各种需求。

● 配置备份策略可满足用户对不同文件类型的备份需求，可筛选需要备份的文件，方便用户进行备份。同时，对于不同重要性的数据，可以配置是否同步删除，较为重要的数据，可以配置为源端删除，而目的端仍然保存。

● 对于本地备份和远程备份来说，一旦源端资源的文件被病毒损坏或人为误删除，可以使用"提升"或者"恢复"功能进行源端数据的恢复工作，卡口照片、第三方 IPC

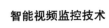

等上层业务的访问路径依然保持不变，极大地提高了业务恢复速度和用户体验效果。

● 支持多对一的集中式备份，对于某些重要的用户数据，可以通过"多级备份"功能实现循环备份。

本章小结

本章介绍了与视频存储相关的知识，从最基本的硬盘入手，简要说明了目前主流的存储架构，重点介绍了磁盘阵列技术，探讨了未来大容量存储的发展趋势——云存储。其中需要了解视频监控系统中数据存储的特点，应掌握存储的需求及目前常见的存储方式。在视频监控系统中，由于视频数据的特点（数据量大、7×24 小时存储、性价比与可靠性的权衡），所以硬盘的寿命小于整个系统的寿命，在使用过程中需要经常性地对存储系统进行维护。

第 5 章　视频解码与显示技术

主要内容

（1）解码技术；
（2）解码器；
（3）监视器。

在视频监控系统中，视频的解码与图像显示是最终环节，也是视频监控系统中重要的一环，经历了视频采集、传输、存储之后，解码显示才是用户的最终应用界面。实况与录像是解码的数据来源，视频解码也是监控系统中最容易产生网络拥塞的地方，在设计视频显示部分时需要考虑。

5.1　视频解码技术

视频解码是视频编码的反过程，是一种把数字信号转换为模拟信号格式的过程，完成该工作的设备是视频解码器。视频解码也有硬解码和软解码之分，硬解码通常由 DSP 完成，软解码通常由 CPU 完成，硬解码有专门的硬件设备输出，通常使用监视器或电视墙显示，软解码则利用计算机进行解码，通过计算机的显卡输出至显示设备。

5.1.1　硬解码器

硬解码器通常应用于监控中心，一端连接网络，另一端连接监视器。其主要功能是将数字信号转换成模拟视频信号，然后输出到电视墙上进行视频显示。

"硬解码"其实更需要软件的支持，只是基本不需要 CPU 参与运算，从而为系统节约了很多资源开销。硬解码器有专用的硬件结构，对视频解码性能进行优化，能够稳定地长时间解码。

硬解码高清视频的优点有：

● 硬解码运行稳定，可靠性高，一般采用嵌入式操作系统，不易受到黑客、病毒的入侵和攻击。

● 接口丰富，可以选择 HDMI、DVI、VGA、YPbPr、RGBHV 等。

● 支持远程管理、维护。

● 支持的视频格式丰富，兼容业界主流厂商的视频编码。

● 解码性能强，性价比高。

硬解码高清视频的缺点有：

● 起步较晚，软件支持度无法与"软解码"相提并论。

● 面对杂乱无章的视频编码、封装格式，硬解码无法做到全面兼容。

● 软解码拥有大量画面输出补偿及画质增强技术，而硬解码这方面做得还远远不够。

例如，DC-B108 视频解码器（以下简称 DC-B108）是宇视科技新一代高密度高清网络视频解码终端，如图 5-1 所示，主要是为远程视频监控设计的，适用于监视远端实时图像、监听远端现场声音，可以广泛应用于各种实时监控环境。

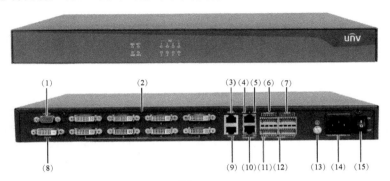

图 5-1

● DC-B108 的主要功能是接收网络上的媒体流数据，并通过解码转换成视频数据，通过 DVI-I 接口输出到电视墙、多媒体大屏幕等音视频设备。

● DC-B108 采用嵌入式操作系统，结构紧凑，功能强大，具有完善的音视频处理能力。设备支持标准的 H.264 编码，支持解码 3M、1080P、1080I、720P、D1、4CIF、2CIF、CIF 等视频格式等多种视频格式。

● DC-B108 适用于全 IP 传输网络，支持点对点的单播和点对多点的组播接收方式，并提供以太网电口、RS-485 串口、RS-232 串口等多种接口，能够适应多种组网。

典型应用如图 5-2 所示。

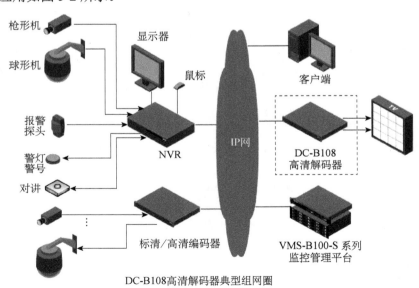

DC-B108高清解码器典型组网圈

图 5-2

5.1.2 软解码器

软解码通常是基于主流计算机、操作系统、处理器的，运行解码程序实现视频的解码、图像还原过程，多数情况下其实质是视频工作站，解码后的图像直接在视频窗口显示，不传输到监视器上。软解码过程需要大量的运算处理资源，通常情况下，CPU 达到双核 2.0GHz 内存 2GB 以上，就能实现高清视频图像软解码。

软解码高清视频的优点有：

● 在一个系统中可能同时安装了不同编码方式的设备，软解码基于主流服务器平台、操作系统及通用处理器，添加多个解码插件就可实现对多种编码方式的解码。

● 有些解码器能同时调用显卡和 CPU，共同承担运算，大大降低了 CPU 的负荷，达到了更高效的软解码。

软解码高清视频的缺点有：

● 目前主流的压缩格式都是 H.264、H.265，或者不压缩的源格式，这些情况下，很多软解码会造成严重影音不同步，或者严重掉帧。

● 占用太多 CPU 的运算处理资源，使得计算机运行速度大大减慢。

● 相对硬解码器，软解码器性价比低，可靠性低。

例如：Uniview SDC3.0 万能解码软件，如图 5-3 所示。其具有如下特点：

图 5-3

● 支持标准的 H.264、MPEG2、MPEG4、MJPEG 等多种图像压缩格式。

● 拥有自主知识产权的编解码算法，解码效率高，图像清晰。

● 每路输出支持多种分屏方式。

● 支持的解码图像分辨率最高可达 1920×1080，支持多种高清图像格式和多种标清的分辨率。

● 支持业界所有主流厂商的码流解码。

● 支持接受视频管理服务器的管理，通过标准的信令建立和释放监控业务。

● 支持高清、标清混合解码上墙。

● 支持 IP 协议的单播（Unicast）、组播（Multicast）传输方式。

● 支持标准 TS、PS 流。

- 支持轮切和组轮巡功能。

典型应用如图 5-4 所示。

iVS多域混合IP监控解决方案（最大1024个域）

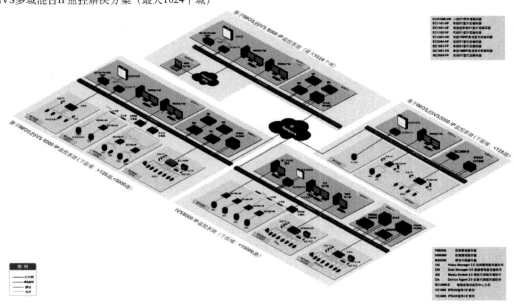

图 5-4

5.1.3 万能解码器

由于行业标准的缺失，尽管有国际标准的编解码协议，但是在实现方式上，各厂家略有不同，所以在网络视频监控应用中存在的一个突出问题就是不同厂商解码设备之间的"互联互通"问题。万能解码器的工作原理就是利用不同编码设备厂家官方提供的解码库，集成在同一个解码软件中，在解码设备收到视频流后，首先判断该视频流源自哪个厂家，再去调用相应的解码库，对视频进行解码，然后实现视频的还原显示。

万能解码器多为软件产品，当某一厂商的解码库文件发生变化时，在万能解码器里升级对应厂商的解码库即可。万能解码器的解码性能与计算机的硬件相关，越高的分辨率规格对计算机硬件性能要求越高。

例如：宇视科技 ADU8600（All Display Unit）系列综合显示控制单元，如图 5-5 所示。其具有如下特点：

- 采用嵌入式 Linux 操作系统，支持 7×24 小时稳定运行，不易受到黑客、病毒的入侵和攻击。
- 拥有自主知识产权的解码算法，解码效率高，图像清晰。
- 单通道输出支持多种分屏方式。
- 支持的解码图像分辨率最高可达 4K，向下兼容多种高清图像格式和多种标清的分辨率。
- 支持高清、标清混合的视频解码。
- 支持基于单播（Unicast）、组播（Multicast）传输方式的视频解码。

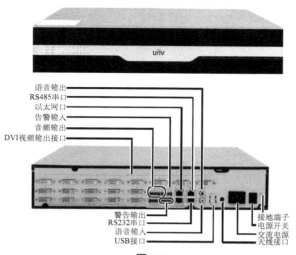

语音输出
RS485串口
以太网口
告警输入
音频输出
DVI视频输出接口

警告输出
RS232串口
语音输入
USB接口

接地端子
电源开关
交流电源
天线接口

图 5-5

- 支持视频管理服务器的统一管理，通过标准的信令建立和释放监控业务。
- 支持标准 TS、PS 流的视频解码，支持 ONVIF 和国标码流的视频解码。
- 支持 H.265、H.264 等多种图像压缩格式的视频解码。
- 支持窗口进行缩放并以屏为单位自动对齐。
- 支持实况、回放、轮切上墙功能。

其典型应用如图 5-6 所示。

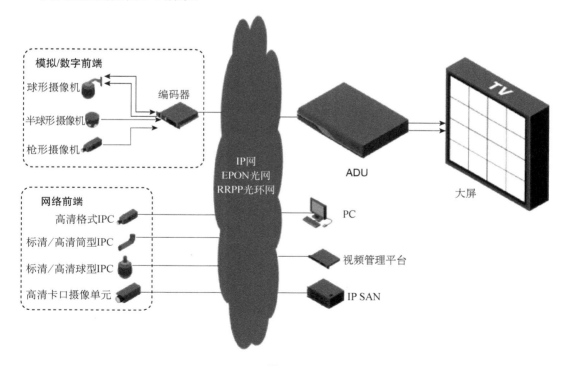

模拟/数字前端

球形摄像机

半球形摄像机

枪形摄像机

编码器

IP网
EPON光网
RRPP光环网

ADU

TV

大屏

网络前端

高清格式IPC

标清/高清筒型IPC

标清/高清球型IPC

高清卡口摄像单元

PC

视频管理平台

IP SAN

图 5-6

5.2 视频显示技术

在视频监控系统中常见的视频显示设备可分为 CRT（Cathode Ray Tube，阴极射线管）型、LCD（Liquid Crystal Display，液晶显示器）型、LED（Liquid-Emitting Diode，LED 显示）、DLP（Digital Light Procession，数字光处理）型、PDP（Plasma Display Panel，等离子显示屏）型和 SLCD（Splice Liquid Crystal Display，拼接专用液晶屏）六类。

5.2.1 CRT 显示器

CRT 显示器学名为"阴极射线显像管"，是一种使用阴极射线管（Cathode Ray Tube）的显示器，如图 5-7 所示，主要由 5 部分组成：电子枪（Electron Gun）、偏转线圈（Deflection Coils）、荫罩（Shadow Mask）、高压石墨电极和荧光粉涂层（Phosphor）及玻璃外壳。它是应用最广泛的显示器之一，CRT 纯平显示器具有可视角度大、无坏点、色彩还原度高、色度均匀、可调节的多分辨率模式、响应时间极短等 LCD 显示器难以超过的优点，而且价格更便宜。

图 5-7

按显像管种类的不同 CRT 显示器可分为：球面显像管、柱面显像管和纯平显像管。

球面显像管的缺陷非常明显，在水平和垂直方向上图像都是弯曲的，边角失真现象严重，随着观察角度的改变，图像会发生倾斜，而且容易引起光线的反射，会降低对比度，对人眼的刺激较大。

柱面显像管采用栅式荫罩板，在垂直方向上不存在任何弯曲，在水平方向上略有弧度。常见的柱面显像管可分为单枪三束管和三枪三束管。

纯平显像管是 CRT 彩显的发展方向，纯平显像管在水平和垂直方向上均实现了真正的平面，失真、反光都被减到了最低值，使观看时的聚焦范围增大。

CRT 显示器的视频带宽可以看做每秒钟所扫描的像素点数的总和，一般采用 MHz（兆赫兹）为单位。屏幕分辨率越高，需要扫描的点数就越多，对电子枪扫描频率的要求就更高，视频带宽也因此需要提高。一般来说，CRT 显示器工作频率的范围在电路设计时就已经固定了，主要取决于高频放大部分元件的特性，由于高频电路的设计相对困难，因此成本也较高，同时还会产生一定的辐射。对于 CRT 显示器而言，高频处理能力越好，视频带宽所能达到的频率越高，图像稳定性也越好。CRT 显示器对视频带宽的要求，除了分辨率外，还和它的场频有密切的关系。场频是指 CRT 显示器屏幕每秒钟刷新的次数，又称为垂直扫描频率。当场频过低时，人眼会感觉到屏幕有明显的闪烁，图像稳定性差，容易造成眼睛疲劳。CRT 显示器屏幕的场频要达到 75Hz 以上人眼才不易出现闪烁感，但长时间注视必然会让眼睛感到很累。

5.2.2 LCD 显示器

LCD 显示器又称为液晶显示器，为平面超薄的显示设备，如图 5-8 所示。它由一定数量的彩色或黑白像素组成，放置于光源或者反射面前方。液晶显示器功耗很低，因此倍受工程师青睐，适用于使用电池的电子设备。它的主要原理是以电流刺激液晶分子产生点、线、面配合背部灯管构成画面。

图 5-8

　　液晶显示器的工作原理为：液晶是一种介于固体和液体之间的特殊物质，它是一种有机化合物，常态下呈液态，但是它的分子排列却和固体晶体一样非常有规则，因此取名液晶，它的另一个特殊性质在于，如果给液晶施加一个电场，会改变它的分子排列，这时如果给它配合偏振光片，它就具有阻止光线通过的作用（在不施加电场时，光线可以顺利透过），如果再配合彩色滤光片，改变加给液晶电压大小，就能改变某一颜色透光量的多少，也可以形象地说改变液晶两端的电压就能改变它的透光度（但实际中这必须和偏光板相配合）。

　　对于笔记本电脑或者桌面型的 LCD 显示器需要采用更加复杂的彩色显示器而言，还要具备专门处理彩色显示的色彩过滤层。通常，在彩色 LCD 面板中，每一个像素都是由三个液晶单元格构成的，其中每一个单元格前面都分别有红色，绿色，或蓝色的过滤器。这样，通过不同单元格的光线就可以在屏幕上显示出不同的颜色。

　　LCD 克服了 CRT 体积庞大、耗电和闪烁的缺点，但也同时带来了造价过高、视角不广以及彩色显示不理想等问题。CRT 显示可选择一系列分辨率，而且能按屏幕要求加以调整，但 LCD 屏只含有固定数量的液晶单元，只能在全屏幕使用一种分辨率显示（每个单元就是一个像素）。

　　LCD 不存在聚焦问题，因为每个液晶单元都是单独开关的。这正是同样一幅图在 LCD 屏幕上为什么如此清晰的原因。LCD 也不必关心刷新频率和闪烁，液晶单元要么开，要么关，所以在 40～60Hz 这样的低刷新频率下显示的图像不会比 75Hz 下显示的图像更闪烁。不过，LCD 屏的液晶单元会很容易出现瑕疵。对 1024×768 的屏幕来说，每个像素都由三个单元构成，分别负责红、绿和蓝色的显示，所以总共约需 240 万个单元（1024×768×3=2359296），从而很难保证所有这些单元都完好无损。最有可能的是，其中一部分已经短路（出现"亮点"），或者断路（出现"黑点"）。所以说，并不是如此高昂的显示产品就不会出现瑕疵。

　　LCD 显示屏包含了在 CRT 技术中未曾用到的一些东西。为屏幕提供光源的是盘绕在其背后的荧光管。有些时候，会发现屏幕的某一部分出现异常亮的线条，也可能出现一些不雅的条纹，一幅特殊的浅色或深色图像会对相邻的显示区域造成影响。此外，一些相当精密的图案（比如经抖动处理的图像）可能在液晶显示屏上出现难看的波纹或者干扰纹。

5.2.3　LED 显示器

　　LED 显示器也属于液晶显示器的一种，如图 5-9 所示。LED 液晶技术是一种高级的液晶解决方案，它用 LED 代替了传统的液晶背光模组，高亮度，而且可以在寿命范围内实现稳定的亮度和色彩表现。更宽广的色域（超过 NTSC 和 EBU 色域），实现更艳丽的色彩。实现 LED 功率控制很容易，不像 CCFL 的最低亮度存在一个门槛。因此，无论在

图 5-9

明亮的户外还是全黑的室内，用户都很容易把显示设备的亮度调整到最悦目的状态。在以 CCLF 冷阴极荧光灯作为背光源的 LCD 中，其中不能缺少的一个主要元素就是汞，这也就是大家所熟悉的水银，而这种元素无疑对人体是有害的。因此，众多液晶面板生产厂商都在无汞面板生产上投入了很多的精力，如中国台湾著名 IT 厂商华硕采用的不含汞 LED 背光技术便通过了 ROHS 认证，使 MS 系列产品的显示器比传统 CCFL 显示器节能 40%以上，无汞工艺不但使它无毒健康而且比其他产品更加环保、节能。

因为采用了固态发光器件，LED 背光源没有"娇气"的部件，对环境的适应能力非常强，所以 LED 的使用温度范围广、低电压、耐冲击。而且 LED 光源没有任何射线产生、低电磁辐射、无汞，可谓是绿色环保光源。

总结 LED 液晶的优点有：LED 液晶电视有省电、环保、色彩更真实的优势。

5.2.4　DLP 显示器

DLP 是 "Digital Light Processing" 的缩写，即为数字光处理，也就是说这种技术要先把影像信号经过数字处理，然后再把光投影出来。它是基于 TI（美国德州仪器）公司开发的数字微镜元件——DMD（Digital Micro Mirror Device）来完成可视数字信息显示的技术。说得具体点，就是 DLP 投影技术应用了数字微镜晶片（DMD）来作为主要关键处理元件以实现数字光学处理过程。

其原理是将通过 UHP 灯泡发射出的冷光源通过冷凝透镜，再通过 Rod（光棒）将光均匀化，经过处理后的光通过一个色轮（Color Wheel），将光分成 RGB 三色（或者 RGBW 等更多色），有一些厂家利用 BSV 液晶拼接技术镜片过滤光线传导，再将色彩由透镜投射到 DMD 芯片上，反射后经过投影镜头在投影屏幕上成像。

DLP 显示板的优点是有极快的响应时间。可以在显示一帧图像时将独立的像素开关很多次。它利用一块显示板通过逐场过滤（field-sequential）方式产生真彩图像，步骤如下：首先，绿光照射到面板上，再利用机械镜子进行调整来显示图像的绿色像素数据。然后镜子再次为图像的红色和蓝色的像素数据进行调整，（一些投影仪通过使用第 4 种白色区域来增加图像的亮度并获得明亮的色调）。所有这些发生得如此之快，以至于人的眼睛无法察觉。循序出现的不同颜色的图像在大脑中重新组合起来形成一个完整的全彩色的图像。

对高质量的投影系统，可以使用 3 块 DLP 显示板。每块板分别被打上红色、绿色和蓝色，图像被重组为一个单一的真彩色的图像。这种技术已经被用在一些数字电影院中的大型投影设备上。DLP 显示板具有高分辨率的特点而且非常可靠。它们的对比度大约是多晶硅 LCD 投影仪的两倍，这使它们在明亮的房间中更有效。

DLP 本身几乎没有什么问题，但是它们比多晶硅面板更贵。当仔细观察屏幕上移动的点时（尤其是在黑色背景上的白点），会发现采用逐场过滤方式的图像将会分解为不同的颜色。使用投影机时，电机带动色轮旋转时会发出一定的噪音。

5.2.5　PDP 显示器

PDP（等离子显示屏，Plasma Display Panel），是继阴极射线管（CRT）和液晶显示屏（LCD）之后的一种新颖直视式图像显示器件。等离子体显示器以出众的图像效果、独特的数字信号直接驱动方式而成为优秀的视频显示设备和高清晰的计算机显示器，它将是高清晰度数字电视的最佳显示屏幕。

与直视型显像管彩电相比，PDP 显示器的体积更小、重量更轻，而且无×射线辐射。另外，由于 PDP 各个发光单元的结构完全相同，因此不会出现显像管常见的图像几何畸变。PDP 屏幕亮度非常均匀——没有亮区和暗区，不像显像管的亮度——屏幕中心比四周亮度要高一些，而且，PDP 不会受磁场的影响，具有更好的环境适应能力。PDP 屏幕也不存在聚焦的问题，因此，完全消除了显像管某些区域聚焦不良或年月已久开始散焦的顽症；不会产生显像管的色彩漂移现象，而表面平直也使大屏幕边角处的失真和色纯度变化得到彻底改善。同时，其高亮度、大视角、全彩色和高对比度，意味着 PDP 显示器显示的图像更加清晰，色彩更加鲜艳，让人感受更加舒适，效果更加理想，令人叹为观止，传统电视只能望其项背。

与 LCD 液晶显示屏相比，PDP 显示有亮度高、色彩还原性好、灰度丰富、对迅速变化的画面响应速度快等优点。由于屏幕亮度高达 150Lux，因此可以在明亮的环境之下尽情欣赏大画面的视讯节目。另外，PDP 视野开阔，能提供格外亮丽、均匀平滑的画面和前所未有的更大观赏角度。PDP 的视角高达 160°，普通电视机在大于 160° 的地方观看时画面已严重失真，至于视角只有 40° 左右的液晶显示屏则更加望尘莫及。此外，PDP 平而薄的外形使其优势更加明显，特别适合公共信息显示、壁挂式大屏幕电视和自动监视系统。

由于 PDP 显示器很容易与大规模集成电路联合"行动"、匹配"作战"，于是，它能以轻装上阵。体内零部件任凭拆卸，工艺方便易行，结构更加简单，很适合现代化大批量生产。同时也因此能够大幅度减少机子的体积和重量，效果十分理想。

5.2.6　SLCD 显示器

SLCD 是英文 Splice Liquid Crystal Display 的缩写，即拼接专用液晶屏。SLCD 是 LCD 的一个高档衍生品种，采用世界最先进的工业级的液晶面板，使用寿命长达 6 万小时。SLCD 是一个完整的拼接显示单元，既能单独作为显示器使用，又可以拼接成超大屏幕使用。根据不同需求，实现单屏分割显示、单屏单独显示、任意组合显示、全屏拼接、竖屏显示，图像边框可选补偿或遮盖，全高清信号实时处理。区别于传统的半成品的液晶屏（如 DID 屏），SLCD 无须外接电源板、信号驱动板、图形处理板等，是完整的成品，即挂即用，安装就像搭积木一样简单，单个或拼接的使用及安装都非常简单。SLCD 是超级窄边的液晶拼接屏，四周边缘仅有 9mm 的宽度，表面还带钢化玻璃保护层，内置智能温控电路及散热风扇。其拼接专用接口非常丰富：模拟的 AV、分量、S 端子、VGA 接口，数字的 DVI、HDMI 等，应有尽有，不仅适应数字信号输入，对模拟信号的支持也非常独到。

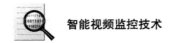

本章小结

　　本章介绍了数字视频解码技术，对设备而言分为硬解码器和软解码器，还有为了兼容各个厂商不同解码协议而直接调用解码库的万能解码器。解码后的信号还需要显示设备来还原图像，目前 CRT 显示器已逐渐被市场淘汰，LED 显示器、SLCD 显示器在视频监控系统中用得越来越多。

第 6 章　视频监控管理平台

（1）数字硬盘录像机；
（2）网络硬盘录像机；
（3）视频监控管理平台；
（4）平台管理业务。

在模拟视频监控时代，系统的核心是视频矩阵，信号采集、传输、显示、存储的都是模拟信号，管理控制系统可以通过电路开关独立工作，不依赖于任何软件。随着计算机技术的普及，视频图像数字化、网络化，监控系统的架构不再像矩阵一样集中管理控制，监控的范围也越来越大，设备也越来越分散。小规模的监控局点通过 DVR 可以完成管理控制，高清网络摄像机的流行，让 NVR 有了替代 DVR 的趋势。在大规模的视频监控系统中，主要还是由功能丰富的视频监控管理平台进行管理控制。

6.1　视频监控管理平台概述

视频监控系统经历了以下 4 个发展阶段。

第一代视频监控系统是采用闭路电视系统构建的模拟系统，由摄像机、监视器、磁带录像机等构成，由于不能对前端进行控制且价格昂贵，操作管理复杂，扩展能力差，很难实现较大系统的要求，已经逐渐被淘汰。

第二代视频监控系统是以数字硬盘录像设备为核心的视频监控系统。数字硬盘录像机前端采用模拟摄像机，后端采用数字信号控制和硬盘作为储存介质，这种模式信息检索查询方便、控制灵活，是目前视频监控的主要方式，得到了广泛的应用和发展。由于系统网络结构是一种单功能、单向、集中方式的信息采集网络以及介质专用的特点，从根本上说，尽管其发展相当成熟，但仍然具有一定的局限性，要满足更高的要求，数字化是必由之路。

第三代视频监控系统是数字网络视频监控系统。数字网络视频监控系统的关键设备是视频服务器和网络摄像机。其采用嵌入式实时多任务操作系统，前端摄像机采集的视频信号经过高效压缩芯片压缩编码，通过内部总线送到网络接口发送到网络上，用户可以直接在 PC 上用浏览器观看视频图像，授权用户还可以通过计算机网络控制摄像机镜头和云台的动作，或对系统进行配置操作。

第四代视频监控系统是智能高清网络视频监控系统。该系统的关键设备是具有泛智能的高清网络摄像机和具有专业视频分析功能的智能服务器。通过系统级的大数据分析，利用智能算法，在海量非结构化视频数据中快速地计算出想要得到的结果。

由视频监控管理平台的发展历程可以看出，每一代视频监控系统的进化，作为整个系统的核心，视频监控管理平台也随着行业需求的不断变化而丰富功能。管理平台显示的界面是面向最终用户的，可用性、可维护性非常重要。

6.2　DVR 平台

数字视频录像机（或叫硬盘录像机），简称 DVR（Digital Video Recorder），是伴随多媒体技术发展起来的，开始于 20 世纪 90 年代末，在 21 世纪初得到了迅猛发展。DVR 是集多画面显示预览、录像、存储、PTZ 控制、报警输入等多功能于一体的计算机系统。DVR 是视频监控数字及 IP 时代最早的先行者，首先实现了视频图像的数字化录像，如图 6-1 所示。

图 6-1

初期的 DVR 是"磁带录像机 VCR"的替代产品，相比磁带录像机，DVR 具有如下优点：

- 实现了对视频、音频的数字化，便于传输和存储。
- 以计算机系统作为载体，使用和操作更简单、方便。
- 采用模块化的软硬件设计，便于扩展和维护。
- 数字视频资料可以长期保存而图像质量不会失真。
- 录像资料的回放和检索更加方便快捷。

从产品形态上看，DVR 可以分为两种：一种为工控式 DVR，另一种为嵌入式 DVR。从出现的时间上分，DVR 可分为第一代和第二代。第一代 DVR 为工控式 DVR，第二代 DVR 包括嵌入式 DVR 和第二代工控式 DVR。

第一代工控式 DVR 是在 PC 或工控机内装置一片或多片图像采集卡，采用的图像处理软件是通用视频处理软件，操作系统是 Windows 操作系统的早期版本，系统较不稳定，可维护性低。因为图像采集卡没有压缩功能，压缩功能由 CPU 实现，所以系统的扩展能力差，系统容量非常有限。

第二代工控式 DVR 在工控机内装置一片或多片专用的图像压缩采集卡，图像处理软件还是通用视频处理软件，操作系统是比较稳定的 Windows 操作系统版本，所以系统稳定和可维护性与第一代相比有了很大的改善。另外图像压缩采集卡集成了压缩功能，系统的扩展能力也有了很大的提高，系统容量显著增加。

嵌入式 DVR 的特点是采用带图像压缩功能的专用硬件，专用的操作系统或者经过裁剪/优化的 Linux 系统，专用的嵌入式图像处理软件。因为从硬件到软件都是定制的平台，所以其稳定性和可维护性好，视频存储速度、分辨率及图像质量上都比第一代 DVR 有较大的改善。

6.2.1 DVR 工作原理

DVR 的核心功能是模拟音视频的数字化、编码压缩与存储。模拟音视频通过相应的音视频 A/D 转换器转换为数字音视频信号并输入到编码芯片中，编码芯片根据系统配置，将此音视频信号压缩编码为 H.264 格式（或其他标准，如 MPEG-4，H.265 等）的音视频数据。CPU 通过 PCI 总线将编码后的音视频数据存入本地硬盘中。当需要本地回放时，通过读取硬盘中的音视频数据并发送到解码芯片，解码芯片解码并输出到相应的 D/A 转换器中，完成录像资料的回放。需要远程回放时，通过读取硬盘中的音视频数据并发送到网络接口，这样远程工作站或解码器就可以实现视频图像的还原显示过程（解码过程）。

6.2.2 DVR 的配置及接口

DVR 的配置及接口决定了 DVR 的功能是否强大，如支持的分辨率、硬盘数量及容量、视频输入/输出数量、报警接口数量等。图 6-2 是典型的 DVR 背板接口示意图。

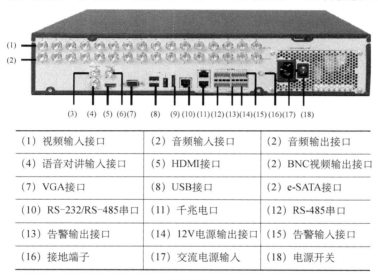

（1）视频输入接口	（2）音频输入接口	（2）音频输出接口
（4）语音对讲输入接口	（5）HDMI接口	（2）BNC视频输出接口
（7）VGA接口	（8）USB接口	（2）e-SATA接口
（10）RS-232/RS-485串口	（11）千兆电口	（12）RS-485串口
（13）告警输出接口	（14）12V电源输出接口	（15）告警输入接口
（16）接地端子	（17）交流电源输入	（18）电源开关

图 6-2

（1）通道数量

通道数量包括视频及音频通道数量，通常一台设备支持 4~16 个视频通道输入，但是由于视频编码工作由编码芯片完成，因此，在不同的分辨率及帧率下，实际支持的通道数量是不同的，如一个支持 16 路 CIF 实时分辨率的 DVR，如果需要支持 4CIF 实时录像，可能只可以支持 4 路，主要是考虑到 DVR 内部的 DSP 芯片实时编码运算能力。在实际运用中，支持超大通道数量的 DVR 在稳定性、实用性方面则不可取，目前市场上，16 路 DVR 在性价比、稳定性上是比较合适的。

（2）存储空间

存储空间是早期 DVR 设备的一个重要指标，因为 DVR 机箱空间有限，因此本地的存储空间不大，通常最多支持 8 块硬盘介入。后期，DVR 支持扩展存储功能，可以用 DAS 进行大容量的本地存储，也支持 SAN、NAS 等存储方式。

（3）输入/输出

输入/输出功能主要用于实现报警输入联动及现场辅助设备的输出控制。在很多情况下，DVR 实质是小型安防集成平台，报警输入端子通常采用开关量形式，用来连接设备的信号，通常支持 6～18 个，报警输出多为开关量或继电器形式，通常每台 DVR 设备配置 4～8 个输出接口。

（4）联网功能

联网能够实现多台设备的远程浏览、远程回放等功能。对于通道数量较少的 DVR，一般配置百兆的网口，如果路数较多，通常配置千兆的网口。

6.2.3　DVR 的关键技术

DVR 需要解决的问题主要是如何平衡图像质量与芯片处理能力、带宽、存储之间的矛盾，那么，追根溯源，这些都是对算法的要求。因此，迫切需要一种算法，在有限的芯片资源、带宽、存储空间限制下，尽可能给用户最好的图像质量，这就是 DVR 产品的关键所在，除此之外，DVR 在网络传输、录像存储、软件应用、智能分析等方面的功能也是非常关键的。

DVR 的关键技术包括以下几个方面：

- A/D 转换芯片。
- 编码压缩芯片。
- 视频编码压缩算法。
- DVR 应用软件功能。
- 智能视频算法。
- 存储技术应用。

以宇视科技的 DVR108-16 为例，8 盘位 DVR，集音视频编解码、数据传输、存储等多种技术为一体，适用于各类室内外应用环境，既可以独立组网使用，本地预览；也可以远程控制访问观看。

该产品的特点有：

- 支持 HDMI、VGA、CVBS 同时输出，HDMI、VGA 最高支持 1080P。
- 所有通道支持 960H 实时编码。
- 支持同步回放、即时回放。
- 支持多画面下不同通道的并行实况与回放。

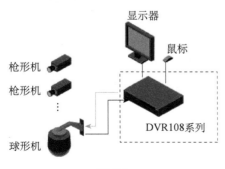

图 6-3

- 支持 8 个 SATA 接口，单盘最大 4TB。
- 支持视频遮盖。
- 支持移动侦测告警、视频遮挡告警。
- 支持警前警后录像。
- 支持 DDNS，快捷访问。
- 支持 UPnP、NTP、DHCP、PPPoE 等多种网络协议。
- 低功耗静音设计。
- 支持手机客户端访问。

其典型组网如图 6-3 所示。

6.3　NVR 平台

DVR 受限于同轴电缆传输模拟信号不超过 300m，多次模拟信号的中继会导致图像效果下降，随着数字视频技术的演进，由安讯士首先发明了网络摄像机（IPC），通过 IP 网络的传输，视频图像完全没有衰减。于是，DVR 的替代产品 NVR 出现了。

NVR 的全称为 Network Video Recorder，其核心特点主要体现在网络化特性。在 NVR 系统中，前端监控点安装网络摄像机或视频编码器。模拟视频、音频以及其他辅助信号经视频编码器数字化处理后，以 IP 码流形式上传到 NVR，由 NVR 进行集中录像存储、管理和转发，如图 6-4 所示。

图 6-4

NVR 实现视频采集和视频存储的分离，从而提高了设备的稳定性和性能。只要满足带宽和 QoS（延时、丢包率、抖动）要求，NVR 可以在承载网络任意位置接入，提高了设备部署的灵活性。NVR 实质是个"中间件"，负责从网络上抓取视频音频流，然后进行存储或转发。

NVR 的设备和存储容量的可扩展性更好，表现在 NVR 主机可以扩展多个辅机或磁盘柜，NVR 主机、辅机和磁盘柜可以在线增加硬盘，在线扩容存储资源的存储空间。

NVR 按照采用的不同存储技术可以分为两种类型，一种是基于 IP SAN（IP Storage Area Network，IP 存储局域网）技术，另一种是基于 NAS（Network-Attached Storage，网络附属存储）技术。同时还有采用了多种技术来提高视频数据存储的可靠性，如 RAID（Redundant Array of Independent Disks，独立冗余磁盘阵列）、磁盘热插拔、冗余电源等。

因此，NVR 是完全基于网络的全 IP 视频监控解决方案，基于网络系统可以任意部署及后期扩展，是比其他视频监控系统架构（模拟系统、DVR 系统等）更具有优势的解决方案。

6.3.1　NVR 工作原理

接入 NVR 的视频流是不需要编码压缩的数字媒体流，NVR 的核心功能就是视频流的存储与转发。NVR 配置本地视频输入/输出接口、键盘及鼠标等接口，用来实现本地化的视频操作计算机，对于一些小型项目，可以直接以显示器连接到 NVR 上而无须再单独配置计算机，其应用方式与 DVR 类似。NVR 在大型、分布式的项目应用中，通常安装在环境良好的机房机柜内，而视频工作站则连接到网络上便可实现所有功能。

6.3.2　NVR 配置及接口

NVR 采用开放的 IP 架构，需要与编码器、管理平台、操作系统、网络传输及存储设备配合使用，实现完整的功能。因此，NVR 具有良好的集成能力，无论在视频的互联

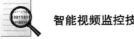

互通方面，还是与报警、门禁等系统的融合上，都更加方便灵活。另外，NVR 可以基于通用的服务器及操作系统运行，因此，逐渐打破了安防监控领域设备专有、封闭的格局，逐渐与 IT 融合，进一步有利于用户购买及维护。图 6-5 是典型的 NVR 背板接口示意图。

图 6-5

（1）视频通道

单台 NVR 能够支持的视频通道、音频通道数量不是没有限制的，取决于不同厂商的 NVR 软件机制。NVR 是集成存储的设备，单台设备能够支持的通道数量越多，那么服务器平台成本、操作系统成本、机房空间成本就会越低，因此系统通道容量是衡量 NVR 的一个很重要的指标。但是，衡量视频通道数量是有前提条件的，因为不同码流的视频，其对硬件、软件资源的消耗不同，从而导致 NVR 能够支持的通道容量也不同。比如一台 NVR，最多可以支持 CIF@RT 通道 150 个，但对 4CIF@RT 通道可能仅仅支持 40 个，而如果需要支持音频通道，数量可能更低，因此 NVR 通道容量必须是基于一定前提条件给出的。目前行业主流 NVR 对于 4CIF@RT 通道的支持数量一般可到 30 以上的水平。

（2）存储空间

NVR 运行在服务器平台上，服务器通过 NAS、SAN、DAS 等方式连接各种类型的磁盘阵列。NVR 需要对所分配的磁盘空间进行管理并写入视频流，每台 NVR 能够支持的磁盘容量也是有限的，也就是说每台 NVR 至多支持的存储空间是有限制的，那么，与之相应的视频通道的存储时间也相应受到限制。

6.3.3　NVR 的关键技术

NVR 主要要解决的问题就是系统容量、可靠性存储机制以及冗余机制。下面列举几种 NVR 的关键技术：

- 支持的视频通道个数。目前主流 NVR 可以支持 16 路以上 720P 实时视频。
- 压缩方式。目前主流的压缩方式为 H.265 和 H.264 编码方式。
- 支持音频方式：一般支持与视频路数相当的音频输入，并支持双向语音对讲。
- 双码流：双码流是为解决存储质量和浏览带宽矛盾而产生的技术。
- 报警输入/输出：一般支持多路干节点报警输入，多路继电器输出。
- 视频分析：将视频分析功能集成在 NVR 中可以实现更好的灵活性。
- 本地视频输出：可以在小型应用中节省成本，也可以作为问题定位时的视频输出。

除了以上关键技术需要清楚了解，还需要知道一些隐性的参数，如：单台 NVR 能够支持最多并发用户访问数量；单机 NVR 能够支持的最大存储空间；NVR 目前已经支持的 IP 摄像机或编码器列表及具体功能。

6.4 视频监控管理平台介绍

在闭路电视监控时代，系统的核心是硬件，所有的信号采集、传输、交换、存储都是基于模拟信号的，系统可以不需要任何平台管理软件的支持而独立工作。在数字化、网络化视频监控时代，系统的架构变得网络化、分布化、功能专一化，因此视频监控管理平台的主要使命是利用统一的数据库、软件及服务，在分散的设备与用户之间建立一个接口服务平台，通过这个平台，完成系统中所有 DVR、NVR、IPC 等设备的统一管理与集中控制，并可以对大量用户提供统一的接口应用及媒体分发服务。

网络视频监控平台是以网络为载体的视频管理系统，从技术层面来说，分为 C/S（Client/Server）架构和 B/S（Browser/Server）架构，这两个架构所表现的形式不一样，但其核心内容几乎一致，基本架构为视频采集模块→视频传输模块→设备管理/用户管理→用户端。

对于 C/S 架构而言，用户需要安装特定的客户端软件，使用用户名和密码登录服务器，以获取设备信息，从而实现与设备的连接。C/S 架构的优势为：专业性与保密性，一般用在特定的网络或局域网内，一般不连接到互联网，用户也是在特定的计算机上使用。C/S 架构的劣势为：用户投资成本高，互联网访问不方便，更无法用手机进行访问（特定网络用户除外）或比较麻烦。

对于 B/S 架构而言，用户不需要安装特定的客户端软件，只需要使用普通的网页浏览器（如 IE 等）访问服务器地址（通常为域名），使用用户名和密码登录即可获取到设备列表，从而实现远程视频监控。B/S 架构的优势有：通用性与便利性，用户可以随时随地使用系统，而无须专门的计算机，甚至利用手机进行访问也是非常容易的，主要满足用户在异地访问的便利性要求。B/S 架构的劣势有：基于互联网设计，用户需要在连接互联网的计算机上使用，对于部分限制访问互联网的用户来说，比较麻烦。

以宇视科技 NVR-B200-E1 系列为例，该产品是针对全数字监控推出的新一代网络视频录像机，集音视频解码、数据传输、存储等多种技术为一体，适用于各类室内外应用环境，有丰富的告警输入/输出接口，能方便地满足各类室内外监控组网的需求。适用于楼宇、社区、园区、连锁店、加油站、商超等中小型园区监控项目。

该产品的特点有：
- 可接驳符合 ONVIF、RTSP 协议的第三方摄像机。
- 支持标准国标 GB28181（2016）协议。
- 支持 U-Code 智能编码技术；支持 H.265、H.264 编码。
- 支持 4K 高清网络视频的预览、存储与回放。
- 支持 1 个 HDMI、1 个 VGA 同时输出，HDMI 最高支持 4K 分辨率显示输出。

- 支持对重要录像的锁定、解锁，支持警前警后录像。
- 支持智能搜索、回放功能，有效提高录像检索与回放效率。
- 支持最大 4/8/16 路同步回放和多路同步倒放。
- 支持人脸检测、区域入侵、越界检测、音频检测等多种智能检测接入和联动。
- 支持客流量统计。
- 支持 1 个 SATA 接口，单盘最大容量为 8TB。
- 支持硬盘配额和盘组存储模式，实现录像定向存储。
- 支持网络检测（网络流量监控、网络抓包、网络资源统计）功能。
- 支持 UPnP（通用即插即用）、NTP（网络校时）、SMTP（邮件服务）、PPPoE（拨号上网）、DDNS（动态域名解析）、DHCP（自动获取 IP 地址）、NFS（接入 NAS）、UNP（NAT 穿越）。
- 支持手机客户端访问。

该产品典型组网如图 6-6 所示。

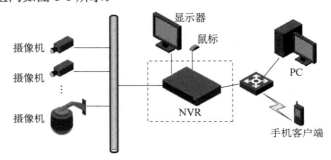

图 6-6

以宇视科技的 VMS-B200-A16 为例，该产品是融合"管理、存储、解码、转发"四大功能于一体的综合管理平台，可接入管理 IPC、NVR、编码器、解码器、网络键盘、门禁主机、报警主机，如图 6-7 所示。其部署简单，扩展灵活，稳定可靠，可广泛应用于各种局域监控（如小区、楼宇、校园、酒店、场馆等）和广域联网监控（如商超联网等）场景。

该产品的特点有：

- 超强接入。可接入管理 1000 台设备，2000 路视频通道。
- 超强管理。支持对 IPC、 NVR、编码器、解码器、网络键盘、报警主机、门禁主机等设备的统一接入管理。
- 超强存储。16 个 SATA 盘位，可通过 miniSAS 接口扩展 2 个 16 盘存储扩展柜，最大实现 48 盘位存储。
- 超强解码。3 屏 16 路 1080P 解码输出（2*HDMI、1*VGA），可插入 2 块解码卡，最大扩至 15 屏 112 路 1080P 解码上墙。
- 超大带宽。支持接入带宽 512Mbps、存储带宽 512Mbps、转发带宽 384Mbps。

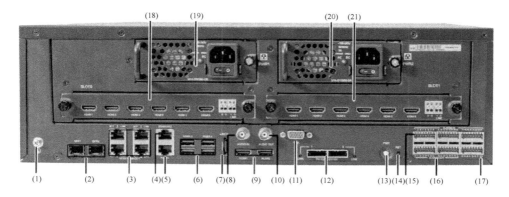

(1) 接地端子	(2) 千兆光口	(3) 千兆电口
(4) RS-485/422接口	(5) RS-232接口	(6) USB3.0接口
(7) eSATA接口	(8) 音频输入	(9) HDMI视频输出
(10) 音频输出	(11) VGA视频输出	(12) miniSAS接口
(13) 电源按钮	(14) 复位按钮	(15) 告警输入
(16) 告警输出	(17) 12V电源输出	(18) 业务扩展插槽1（如解码卡）
(19) 交流电源模块 1	(20) 交流电源模块 2（选配）	(21) 业务扩展插槽2（如解码卡）

图 6-7

- 强兼容性。支持标准 ONVIF、GB/T28181 协议。
- 多种业务。支持实况、回放、轮巡、电视墙、电子地图、语音对讲、报警联动等功能。
- 灵活访问。支持 C/S 客户端、B/S 客户端、移动客户端（iPhone、Android 手机、iPad）。
- 智能应用。支持绊线、入侵、人脸检测、客流量统计等智能化功能，并进行报警或报表等业务展现。
- 超强稳定。嵌入式 Linux 一体机、双 BIOS 操作系统、支持双电源。
- 安全可靠。支持 802.1x 认证、ARP 防攻击、HTTPS 安全链接、Telnet 安全开关；支持网络容错、负载均衡、多 IP 设定。
- 丰富接口。4 个千兆以太网口、2 个千兆光口、24 路报警输入 8 路报警输出接口。

- 超强扩容。支持主从级联扩容存储、转发性能。
- 基础实况业务，支持软硬解实况、软硬解轮切、硬解轮切计划、组显示和组轮巡功能等。
- 拥有独特的多媒体存储专利"CDS"技术，能实现前端直存和秒级检索回放。
- 丰富的回放功能，支持高清、标清回放上墙、即时回放、多路同步回放、回放切片等。
- 支持 N+M 存储备份功能，可以在主存储失败时快速启用异地备用存储。
- 支持流程化的告警处理机制，并支持流程自定义、告警类型和级别的自定义等。
- 灵活的云台机制，支持云台控制和抢占、预置位、拉框放大、巡航路线、巡航计划等。
- 稳定性和可靠性，支持双机热备和 N+1 的部署方式。

典型应用组网如图 6-8 所示。

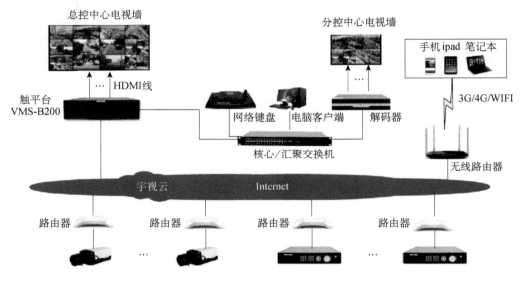

图 6-8

6.5　视频监控管理平台架构

　　视频监控管理平台通常是基于 Windows 或 Linux 操作系统，以数据库系统作为基础的数据平台，它以网络作为传输介质，以 TCP/IP 作为通信协议。视频监控管理平台架构通常采用模块化的软硬件架构，系统的数据库、核心软件、核心服务、虚拟矩阵支持、文件服务、目录服务、报警服务等可以安装在一台服务器上，也可以部署在分布的多台服务器上，以上各个组件之间通过网络进行连接通信。通常，视频监控管理服务器运行之后，需要定期对系统中所有的成员（DVR、NVR、编码器、解码器等）进行状态轮询，即以广播形式对所有成员点名（Keep Live），然后所有成员需要以单播形式反馈状态信息给视频管理服务器，得到反馈后刷新核心数据库，并定期更新设备列表，进而实现实时视频浏览或录像回放等操作。整个平台负责系统设备的管理、设备的接入、设备的注册、逻辑连接、设备状态监测、用户的管理、用户的接入、信令的转发、报警联动关系、系统日志的存储等。目前主流的视频监控管理平台架构根据系统数据库、程序、服务、媒体服务等构件的分布方式，可以分成完全集中型和完全分散型。

6.5.1 完全集中型

在此架构下，系统数据库、核心程序、核心服务、报警服务、文件管理等所有信息及服务均运行在完全集中的中央服务器中，仅仅是将媒体流部分功能（视频存储与分发）在单独的服务器上运行。此模式系统架构简单、资源管理方便，但是对于大型系统，中央集权的架构可能成为瓶颈而存在不稳定因素。

完全集中型的架构如图 6-9 所示。

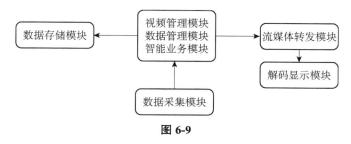

图 6-9

6.5.2 完全分散型

在完全集中型的架构中，在中央管理服务器上部署数据库、核心程序、核心服务，这样的好处是系统资源集中，对于设备管理、权限分配、PTZ 控制、报警联动等都容易实现，但是，过于集中的架构方式，很容易让核心数据库成为系统的瓶颈。虽然媒体流数据不经过核心服务器，但是对于大型系统，几百甚至上千路的系统，核心服务器需要巡检所有设备、需要建立大量的用户连接/响应大量的请求、需要写入大量的系统日志，因此，可能造成系统负荷过高而宕机。

在完全分散型的架构中，系统数据库、程序、服务、流媒体、文件管理、报警管理、网管等所有资源及服务运行在分散的多个服务器中，各个功能模块分别完成虚拟矩阵、报警管理、媒体处理、视频分析、用户认证、存储管理等各种不同的功能，各个模块通过网络连接通信、信息交互构成完整的系统，呈现给用户的是"整体服务功能"。此架构避免了单机服务器的一些瓶颈，提高了整体系统性能及灵活分布性。

完全分散型的架构如图 6-10 所示。

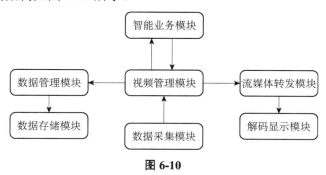

图 6-10

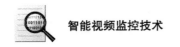

6.6　视频监控管理平台常见业务

IP 监控系统基于成熟的网络技术、标准的控制信令协议以及开放式架构，大大地丰富了监控系统的业务。IP 监控系统的基本业务包含系统功能配置、监控业务、系统维护三大模块。

6.6.1　系统功能配置

首先要对整个系统按照客户的实际使用需要，完成整体的配置，包含不局限于以下功能。

● 本地配置：对全局的视频参数、云台参数、多屏参数、水印参数、告警声音等进行设置。

● 告警参数配置：实时告警参数、过车告警图片弹出框配置、告警联动到监视器恢复原码流配置等。

● License 管理：License 即授权许可证书，License 文件定义了系统可以管理的设备和资源的授权许可信息。在该配置项可以获取、导入 License 相关信息。

● 模板管理：批量配置同型号设备，或是设置存储计划模板，批量下发配置。

● 升级管理：配置设备上线自动升级或按时间计划升级。

● 组织管理：添加、修改、删除各级监控组织。

● 资源划归：将组织 A 的现有资源（如摄像机、监视器、告警输出、告警源）划归给组织 B，以实现资源共享，这样组织 B 中有权限的用户也可以对该资源进行操作。例如，当组织 A 中的摄像机 1 划归到组织 B 后，组织 B 中有实况权限的用户也可以对摄像机 1 进行实况操作。

● 角色管理：角色是一组操作权限的集合。当把某角色分配给某个用户后，该用户就拥有了该角色中定义的所有权限。通过角色管理，可以方便地实现用户权限的管理和分配。

● 用户管理：用户是系统管理和操作的实体。在分配了相应的角色权限后，用户登录到系统即可以执行相应的系统管理和操作。

● 设备管理：在整个系统中对某个设备进行配置操作，使该设备接入到视频管理平台中来。

6.6.2　监控业务

监控业务是视频监控管理平台的主要业务，一般通过客户端来实现具体的监控业务，业界常见的有 B/S 架构及 C/S 架构，两种不同模式，具体业务功能名称可能不一样，实现的效果类似。

（1）实况播放

实况播放就是通过视频窗格或监视器实时播放摄像机所拍摄到的音视频信息。

（2）轮切业务

轮切就是通过某个视频窗格或监视器循环播放轮切资源中各个摄像机实况图像的一

种资源集合。

（3）组显示业务

组显示业务操作就是用于播放某个摄像机组中所有摄像机的实况。

（4）轮巡

轮巡是指在多个视频窗格或监视器上按照一定时间间隔对多个摄像机循环播放实况。

（5）拼接业务

拼接业务一般包含全景拼接、大屏拼接、数字矩阵拼接三方面内容。全景拼接技术是指将 3 个前端传来的图像进行拼接，去除重叠部分，校正变形部分，最后拼接成一幅高分辨率的图像。通过大屏拼接，可以将 1 路视频图像拼接放大到多屏播放。如图 6-11 所示的就是把单屏图像放大为 2×2 的大屏拼接播放场景。数字矩阵页面能够显示特定组织下包含的所有监视器，并能在监视器上进行多种媒体业务的操作。

图 6-11

（6）巡航业务

通过配置预置位、巡航路线、巡航计划，云台摄像机即可按照既定路线或计划进行巡航。

（7）云台控制

云台控制可以远程控制云台的旋转角度，摄像机的光圈大小、聚焦程度、雨刷开关、变倍等，并能够进行云台锁定操作。系统还支持云台控制优先级机制、云台自动解锁和释放以及预置位的设置，选择云台摄像机的巡航线路等。

（8）录像回放

确保摄像机有录像记录后，可进行检索录像、点播回放、下载录像等操作。

（9）告警业务

已配置告警订阅功能后，可以通过告警页面查看和确认实时告警、预案告警、历史告警和告警处理记录，及时地了解设备的异常情况、定位系统问题。

（10）对讲广播

可以用于客户端与终端之间的终端对讲、终端广播以及客户端与客户端之间的用户对讲和用户广播。

（11）地图业务

可以上传地图，并在地图上添加摄像机、组织站点、热区等，可以直接在地图上进

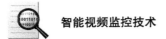

行相关业务操作。

（12）枪球联动业务

枪球联动功能可快速且清晰地查看监控范围内的局部细节。该功能有效结合枪形机和球形机的特点，利用枪形机监控全局，针对局部细节使用球形机高倍率变焦查看细节。

6.6.3 系统维护

任何一套电子系统都需要进行检查和维护才能维持长期的 7×24 小时不间断的运行，视频监控系统也不例外，定期地巡检和维护是非常有必要的。系统维护功能模块就是通过设备自身设计的信息收集，有效分析故障。具体维护操作介绍如下。

- 操作日志：操作日志记录了所有登录到系统上的用户行为。
- 系统备份：可以分别对系统配置、数据库和系统日志进行备份，然后导出至客户端本地进行保存，也可全部备份或导出。若选择导出全部信息，则除了导出系统配置、数据库和系统日志，还将导出客户端信息（包括客户端控件日志和操作系统、显卡、IE 浏览器信息），方便系统维护。
- 数据库恢复：可以通过已备份的数据库文件，对系统的数据库进行恢复。
- 摄像机存储报表：通过摄像机存储报表功能，可以查询摄像机对应的存储信息（包括存储设备名称、存储计划制定与启动情况、存储状态等）。
- 故障设备统计：自动或手动统计本域设备及其下级域共享给本域设备的故障报表，并以报表形式显示。
- 故障频次统计：自动统计本域设备及其下级域共享给本域设备的故障频次，并以报表形式显示。
- 历史故障设备统计：显示故障设备统计的历史信息。

6.7 视频监控管理平台的智能业务

从 2000 年左右到现在，经过近 20 年的发展，人工智能从泛智能阶段演进到专业智能，直至现在广泛流行的深度智能。安防行业拥有着源数据信息量最大、数据层次最丰富以及安防业务的本质诉求与 AI 技术逻辑高度一致的两大特性，所以安防是人工智能最具市场空间的应用领域。

6.7.1 智能业务技术背景

在视频监控系统中，监视器与摄像机的比例一般都是"一对多"的，无法监视所有的摄像机，并且通过人工方式盯着监视器看，无法一直集中精力并及时发现可疑行为，而出现事件后，监控平台的录像需要在事后调查使用，需要调阅大量的图像。因此将监控人员从海量的无效数据解放出来，快速检索到一定特征的视频资料，是视频监控系统智能业务的发展之道。

智能业务目前主要有前端（IPC 或智能编码器）智能、后端（智能业务服务器）智能或"前端+后端"三种架构。

　　所谓前端智能，是把图像智能分析与视频监控结合起来，让监控系统能检测到一些有固定规律的事件，在一定程度上降低人力操作。如最常见的周界智能应用，通过禁区、绊线在摄像机画面中设定一个敏感区域，一旦有移动物体进入该区域，就会触发告警并通过平台联动在大屏上弹出对应摄像机的实时图像，通过警灯、警铃来提醒安保人员第一时间处理事件。

　　随着技术的发展，部分智能分析功能从后端服务器前置到前端摄像机内，通过摄像机富余的计算资源，对采集到的图像做分析，提取出关键信息。前置化的智能分析类型主要是后端智能中侧重于"事中报警"的实况分析部分，这部分分析所需的系统资源非常少，前端摄像机足够可以提供，而且前置化还能带来以下 4 个显而易见的好处。

　　（1）节约网络带宽，解决服务器瓶颈问题：后端服务器进行实况分析时必须要额外获取一路实时视频流，不管这路视频流是直接从前端获取还是从流媒体服务器转发获取的，都会在前端或者后端造成额外的带宽消耗，而且随着需要分析的前端点位数量的增加，服务器的计算资源消耗会越来越大、带宽占用越来越高，很容易使服务器成为瓶颈。而智能前置化后，摄像机只需要额外传输分析结果给后台，相对于视频流，所传输的这部分数据占用的带宽几乎可以忽略不计。

　　（2）降低系统建设成本：首先后端智能分析服务器已经增加了一笔成本，其次后端常见的智能分析服务器并发处理能力在 30 路 D1、20 路 720P、10 路 1080P 左右，如果要提高并发处理能力，要么提高服务器配置，要么增加服务器数量，但不论采用哪种方式都会使系统建设成本继续提升。而智能前置后，单台摄像机的成本几乎没有增加，从而可以大大减少服务器相关的成本。

　　（3）分析更精确：前端图像在编码后通过网络传送给后端服务器，后端服务器再解码进行分析，这个过程中编码、解码、网络传输中可能存在的丢包都会影响图像分析的准确率，而智能前置化后直接在本地进行分析，结果会更精确。

　　（4）可扩展性更高：在一个项目中，不同点位的摄像机需要不同的智能分析，如周界附近需要越界报警分析、出入口需要人脸抓拍、路面上需要车牌识别……智能前置化使得配置这些智能分析应用非常方便，只需要更换相应的软件版本或者启用相应的软件功能即可。而且一些特殊行业中的特殊智能应用完全可以开放接口由专业的人来进行算法开发，相较于后端智能可扩展性大大提升。

　　在看到前端智能好处的同时，也不能忽视目前前端智能准确率低、环境适应能力弱等不成熟的地方，虽然配置了智能前端设备，但在实际应用中过高的误报率和漏报率让安保人员心力交瘁，最后不得不放弃使用。因此，必须优化智能算法消除误报漏报。

　　如最常见的周界防范应用，当有物体通过画面中设置的绊线时，摄像机通过图像分析并不能准确判断穿越物体是人还是动物，这就会导致误报。部分摄像机通过一些条件来降低误报率，比如设置大于 100 像素以上的物体穿越绊线才触发告警，但由于摄像机成像近大远小，远处的闯入者或者矮小、蹲行的闯入者就不会触发告警，即在误报率下降的同时漏报率会提升。而环境适应能力，特别是光线变化的适应能力一直是智能分析的短板，即使白天高准确率的智能分析，一到了夜间可能也基本不可用。

其实这些问题主要还是由于智能算法的成熟度以及摄像机芯片、Sensor 等主要器件性能的原因共同导致的。随着技术的发展，准确率低、环境适应能力弱等问题都会得到解决。最近随着星光级摄像机的推出，低光照下的智能分析已经得到很大发展，现在一些厂商推出的星光级摄像机，就充分考虑到了各种光照突变、恶劣气候等使用环境，在微光下还能提供高准确率的绊线、禁区、人脸抓拍等智能应用，并且还能抵抗树叶晃动、阴影变化等所带来的干扰。

在"前置分析"的智能时代，后端的管理显得暗淡了些，但在智能化进程发展过程中，很长一段时间内，视频监控系统的智能分析功能都是采用中心分析的方式来实现的。这种方式有其独特的优势，比如后端分析模式方便排除故障，并可以有效地解决存储容量的压力，比如不需要前端摄像机具有智能分析功能，只需要上传视频流给智能分析服务器即可；再比如因为硬件结构决定了智能分析服务器具有超高的处理性能，一台智能分析服务器可以同时处理几十路前端视频流等。后端服务器可以应用更为复杂的算法，分析运算集中化使基于后端服务器的选择获得了大量机会。设备配置和设备故障排除变得简化，用户在一个地方就可完成安装或修改，可操作性得到了保障。

智能分析服务器在市场上应该还算是主流产品，服务器产品有软件开发周期短、项目应用灵活、改造项目适用性强等特点。同时比较复杂的智能分析功能需要的计算量还是很大的，完全移植到摄像机中需要大量优化和改进算法性能以及提高前端设备硬件成本。而基于 x86 的服务器是目前运行这些复杂算法的最好选择，成本相对较低，能够达到的分析效果也最好。

无论是前端智能，还是后端平台，都有优缺点，无法相互取代，两者最合理、最平衡的折中方式即是前端+后端的双赢模式。前端智能的优点是方便，无人值守，一体化，其缺点是受到前端芯片体积限制，性能不佳，只能作为普通辅助手段。而后端服务器的优点是性能强大，具有无限发展可能，其缺点是后处理最终效果有一定局限性。只有将前端和后端配合起来做智能分析，才能真正让视频图像智能分析大数据化。

6.7.2 智能业务应用

1. 入侵检测

入侵检测包含区域入侵检测和绊线入侵检测。在某些重要危险区域如机场周界、军事区、监狱、高档小区等，设置入侵检测规则，实现重要危险区域的安全警戒、事前预警。相对于传统的红外探测技术，视频监控的入侵检测技术使用的设备少，覆盖更大的范围，具有良好的效果。

2. 遗留物品检测

在摄像头监控场景内，如果发现某物品（包等）被放置或遗忘的时候，超过允许停留的时间限制，将自动触发报警。在某些重要危险区域或人流量大的公众场合如加油站、地铁、火车站等，设置遗留物品检测规则，实现重要危险区域的安全警戒、事前预警。

3. 人员徘徊监测

某些重要危险区域如监狱外围区域、危险品区、仓储区等，设置人员徘徊检测规则，实现重要危险区域的安全警戒、事前预警。

4. 人数统计

基于人体特征识别算法、模式识别机器识别算法，通过对监控画面中的特定区域如通道过口、楼梯口进行人流量统计，采用人头肩部特征来区分人体，并通过运动轨迹来判断其进出方向，最后生成进出人数等数据记录。在发生异常情况可借助系统组织人员疏散、撤离。

5. 拥挤探测

系统可以对一定区域自动侦测过度拥挤状况并产生报警信号。该技术是人数统计与区域探测相结合的技术，当人员超过指定的阈值时开始触发报警，在车站、商场、机场、广场等场合被广泛应用，以保证有效的工作人员配置，如开放更多通道、开通更多窗口，以提高工作效率，防止拥挤踩踏等事件的发生。

6. PTZ（Pan/Tilt/Zoom，云台控制）自动跟踪

在宽范围、大视野的视频监控场景中，如机场周边、加油站、工业园区等，当 PTZ 摄像机发现目标时，通常需要手动控制 PTZ 对目标进行跟踪。在实际使用中，操作人员无法每时每刻都聚精会神地看监控图像，并精确操作 PTZ，以确保及时发现目标并让目标一直保持在场景中。PTZ 自动跟踪功能的摄像机，一旦有目标出现触发了规则（一般为绊线），摄像机就会自动锁定目标，继而实现自动跟踪功能，保证目标始终出现在场景的中间位置。

7. 人脸识别

人脸识别是基于人的脸部特征信息进行身份识别的一种生物识别技术。用摄像机采集含有人脸的图像或视频流，并自动在图像中检测和跟踪人脸，进而对检测到的人脸进行识别的一系列相关技术。获取了人脸信息后，可以与数据库中已有的照片信息进行比对，从而识别出需要寻找的人员。

8. 车牌识别

车牌识别技术能够将运动中的汽车牌照从复杂背景中提取并识别出来，通过车牌提取、图像预处理、特征提取、车牌字符识别等技术，识别车辆牌号、颜色等信息，目前最新的技术水平为字母和数字的识别率可达到 99.7%，汉字的识别率可达到 99%。将车牌识别设备安装于出入口，记录车辆的牌照号码、出入时间，并与自动门、栏杆机的控制设备结合，实现车辆的自动管理。应用于停车场可以实现自动计时收费，也可以自动计算可用车位数量并给出提示，实现停车收费自动管理从而节省人力、提高效率。应用于智能小区可以自动判别驶入车辆是否属于本小区，对非内部车辆实现自动计时收费。在一些单位这种应用还可以同车辆调度系统相结合，自动地、客观地记录本单位车辆的出车情况，车牌识别管理系统采用了车牌识别技术，达到不停车、免取卡，有效提高车辆出入通行效率。

9. 车辆逆行检测

在道路视频中，可以由智能算法识别出车辆的行驶方向，如果有车辆沿错误方向行驶，系统自动对车辆进行跟踪并标记运动轨迹，然后发出报警，非逆行的车辆则不

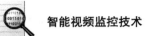

会触发。

10. 非法停车识别

在摄像机监视的场景内，设置一块不允许停车的区域，当有车辆进入到不允许停车区域并达到时间阈值后，则触发报警，并可以联动录像，留下违章停车的证据。

11. 闯红灯识别

高清摄像机对进行各导向车道逐辆跟踪拍摄，同时检测红绿灯状态，当检测到红灯状态时，有车辆越过停止线，则自动进行抓拍图片，跟踪分析车辆的行驶轨迹，其中包括一张特写照片来记录车辆信息。

6.8 视频监控系统的集成

为了整合不同厂家的设备，不同视频监控管理平台之间的对接必须寻求统一的标准，例如 ONVIF 标准、PSIA 标准及我国的国标 GB28181 等。下面简要介绍 ONVIF 标准和图标 GB28181。

1. ONVIF 标准

ONVIF 标准描述了网络视频的模型、接口、数据类型以及数据交互的模式，并沿用了一些现有的标准，如 WS 系列标准等。该标准的目标是实现一个网络视频框架协议，使不同厂商所生产的网络视频产品可以实现完全互联互通。

2. 国标 GB28181

国标 GB28181 规定了安防监控联网系统中信息传输、交换、控制的互联结构和通信协议结构，传输、交换、控制的基本要求和安全性要求，以及控制、传输流程和协议接口等技术要求，适用于安防视频监控联网系统及城市监控报警联网系统的方案设计、系统检测、验收、设备研发、生产。

视频监控系统是安防系统的一部分，经常需要与报警控制系统、门禁控制系统甚至楼宇自动控制系统进行集成，实现一个平台下报警触发联动。集成带来很多的好处，如系统的数据共享、联动控制、自动操作、成本节约、提高效率等。

其他系统可以以硬件节点或 API 接口的方式，实现与视频监控系统的集成报警联动。SDK 集成经常用来实现与第三方软件系统的集成，如门禁系统、楼控系统、消防系统及环境监控系统。

本章小结

本章介绍了 DVR、NVR、视频管理平台的基本工作原理及常见的业务。在过去模拟向数字转型的时代，DVR 是中小型组网的核心，但是随着网络摄像机的流行与发展，NVR 逐渐取代了 DVR，成为目前市场上中小型监控系统中的主要平台，在大型视频监控系统中，视频监控管理平台的功能越来越强大，作用不可或缺，已成为弱电集成中的核心系统。

第7章　视频监控系统设计原理

（1）视频监控采集系统；
（2）视频监控传输系统；
（3）视频监控控制系统；
（4）视频监控存储系统；
（5）视频监控显示系统。

随着经济和信息技术的发展，视频监控在各行业中都被广泛应用，如平安城市、工业园区、城市综合体、写字楼、学校等，在安防安保、工业生产、居家生活中的应用越来越多。

面对各行业客户、多样化的业务需求，如何利用数以万计的安防产品，设计一个满足用户需求、经济合理的视频监控系统是非常重要的。

本章首先对视频监控系统的业务需求进行分析得出系统设计要素，然后针对几个关键的要素分别进行选型设计介绍，最后结合视频监控系统的规模对典型组网进行了介绍。

7.1　视频监控业务需求分析

监控应用在各行各业、各个领域都有共同的需求，但又由于其自身的特点，决定了各种监控系统多样化的业务需求。

平安工程是城域化、智能化的大规模治安监控，覆盖主要路口、重点单位、公共场所，要求：① 实时的现场视频监控，高清接入；② 高效可靠的存储策略，录像、图片随时调用、管理及回放；③ 针对公安业务的多种实用功能，通过网闸实现安全的隔离；④ 与 GIS 系统、接出警系统对接集成等。

园区和楼宇安保监控要求：① 出入口、楼道、车间等区域概况的实时监控；② 与门禁、报警、消防等子系统对接联动；③ 录像可靠存储及调阅等。

商场、连锁店铺监控要求：① 出入口、柜台等重点区域的实时监控；② 总店对各分店的统一联网监控管理；③ 录像取证等。

校园监控要求：① 出入口、公共区域人员动态、考场纪律等的实时监控；② 远程联网监考；③ 录像调阅等。

公路、轨道交通监控要求：① 对道路交通状况、收费站或站台情况实时监控；② 告警快速上报或联动；③ 事故录像调阅取证等。

7.1.1　音视频采集系统需求分析

"看得更清晰"是视频监控始终不变的追求。"看",要求视频实时性好,图像清晰度高。图像效果能达到动态图像清晰流畅,静态图像清晰鲜明。

监控质量主要用清晰度衡量,影响监控质量的关键指标是:图像采集清晰度、图像编码分辨率、显示分辨率。这里介绍前两个指标。

图像采集清晰度,是获取高质量输出图像的前提和基础。它是指前端视频采集设备采集的视频源的清晰度,反映了视频源图像的精细程度,清晰度越高,图像越细致。

主要的图像采集设备是摄像机,常见的采集清晰度按 TVL(电视线)划分有 480线、540 线、600 线、700 线、750 线、1000 线等。

图像编码分辨率,是编码设备的重要参数。"更清晰"也需要后端解码存储设备的支持。只有选用与采集清晰度相匹配的编码分辨率才能更好地保留视频的细节信息,更好地体现采集图像的效果。如 DVR 的分辨率为 D1,一般为 720×576(PAL 制),有效像素约为 40 万,主要对应于 540 线的模拟相机,而 700 线相机的有效像素可以达到 57万,采用 D1 编码,会白白损失大量的图像细节信息,高清的视频源只能达到标清的效果,这是对于视频资源的极大浪费;而采用 960H DVR 的录像效果可以更好地保留 700线摄像机的图像效果。目前采用 D1 视频分辨率的视频监控系统越来越少,720P、1080P等高清分辨率正在成为市场上的主流,相比 DVR+模拟摄像机,NVR+IPC 的组网方式可以带给用户高质量、多细节、大场景的视频效果。

主要的图像编码设备有 IPC、DVR、视频编码器等,选择高清晰的视频采集设备必须要注意与网络、存储相配套,一般而言,若想呈现更好的图像效果,清晰度越高需要的网络带宽越大,需要的存储空间越多,相应的监控系统建设成本就越高。

7.1.2　视频传输系统需求分析

市场上主流的视频监控解决方案均为基于 IP 网络的,而 IP 网络属于分组交换,不同带宽的建设成本不同,在设计视频监控系统承载网络时,需要根据流量模型,合理规划网络带宽,以节约整个系统的建设成本。

视频传输系统存在如下的流量:① 前端摄像机/编码器,将有实况数据流流向解码器或媒体转发服务器;② 将有存储视频流流向存储设备;③ 视频管理服务器有控制信令流向前端摄像机/编码器,该部分流量可以忽略不计。

媒体转发服务器将会是数据流量的聚集地,需要放置在网络的核心层,同时应考虑最大路数的视频流同时经过媒体转发服务器,因此要留有一定冗余带宽。

存储设备也是数据流量的聚集地,一方面同时有 N 路视频流写入,还会有若干路视频流的读出,一般情况下,写入的数据量要大于读出的数据量。

视频解码端是容易被忽略的网络拥塞点,尤其是采用客户端解码的方式,一般而言,解码时有几路窗格就有几路流从 IPC/编码器或媒体转发服务器流向客户端的计算机,当在监控中心同时有若干个客户端和若干个解码器同时工作时,需要考虑计算机承载网络的带宽会不会出现瓶颈。

其余的数据传输,如模拟摄像机到编码器、解码器到显示器等,此类传输为专线专用，只要接口正确，线缆质量及长度在允许范围内，都可以正常使用，较少出现故障。

7.1.3　数据存储系统需求分析

视频数据的存储要求能够实现对视频数据的可靠存储，在必要的时候，能够实现对录像的可靠备份。视频录像的查询要求能够方便快速地查询到精确的结果。视频录像的回放要求回放录像清晰流畅。

清晰的录像，需要清晰的视频采集源、视频编码分辨率来保障。存储作为事后取证的重要依据，对其可靠性的要求不言而喻，存储可靠性主要取决于存储磁盘、阵列、存储控制器的性能和可靠性。对于大容量的存储，流畅的回放录像还需要提供充足、稳定的传输带宽。

由于视频监控系统的录像一般都要求 7×24 小时不间断运行，而硬盘在长时间不间断运行 1～3 年后，可靠性会急剧下降，所以针对大中型视频监控系统的存储一定要有容错机制。重要的点位录像，如金库、危险品库等，还需要更高等级的存储容错机制，避免出现故障时丢失视频数据。

7.1.4　视频显示系统需求分析

显示分辨率，是保证图像最终清晰输出的重要参数。显示设备尺寸有大有小、支持的分辨率也很多，选择显示设备的最佳分辨率与输入信号分辨率相匹配，能达到更好的图像还原效果。比如，当液晶显示器呈现低于最佳分辨率的画面时，有两种方式进行显示：第一种为居中显示，例如在 XGA（1024×768）的屏幕上显示 SVGA（800×600）的画面时，只有屏幕居中的 800×600 个像素被呈现出来，其他没有被呈现出来的像素则维持黑暗。第二种是更常用的扩展显示。各像素点通过差动算法扩充到相邻像素点显示，从而使整个画面被充满，这样也使画面失去原来的清晰度和真实的色彩。反之，当液晶显示器呈现高于最佳分辨率的画面时，也有两种显示方法：第一种是局部显示，即屏幕的像素有多少就显示多少像素，这时只能看到图片的某一部分。第二种是在屏幕内显示完整的图像，这时图片的像素会被压缩，如 2560×1600 的图片会删去一部分像素，以 1920×1080 的分辨率来显示。

常见的显示设备有 LCD 液晶显示器、等离子显示器等，显示分辨率按计算机标准分辨率分为：XGA（1024×768）、WXGA（1280×768）、SXGA（1280×1024）等；按模拟电视标准分辨率分为：EDTV 480P（704×480）、D-1 PAL（720×576）、HDTV 720P（1280×720）、 HDTV 1080i（1920×1080）等。一般，19 英寸普屏（5：4）液晶显示器的最佳分辨率是 1280×1024；19 英寸宽屏（16：10）液晶显示器的最佳分辨率为 1440×900；21 英寸的普屏最佳分辨率为 1600×1200；22 英寸宽屏最佳分辨率为：1680×1050，24 英寸宽屏最佳分辨率为 1920×1200。

7.1.5　视频管理系统需求分析

管理控制的要求是多方面的，一方面是对实时图像的切换和控制，要求控制灵活，响应迅速。另一方面是对异常情况的快速告警或联动反应。由于现在摄像机的规模越来越大，存储数据量也越来越大，还要求系统操作、管理数据、获取有效信息上的便捷性。

系统的运维管理，包括配置和业务操作、故障维护、信息查找等方面的内容。系

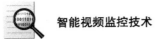

统运维管理要求操作简单、符合客户使用习惯、自动化程度高，同时兼顾系统信息数据安全。

控制和管理各方面的要求，主要取决于管理平台的性能、功能。若使用终端控制台，如 PC 远程操作、控制，由于解码图像将大量消耗 CPU 资源，则终端控制台的硬件配置高低也会对整体的操作体验有一定的影响。

在大型视频监控系统组网中，还应考虑在海量视频数据中，是否需要应用如人脸识别、人数统计、车辆识别、视频浓缩等人工智能技术，把安保人员从繁重的重复劳动中释放出来，增强系统的有效性。

7.2　视频监控系统架构设计

视频监控系统的设计没有固定的公式，需要根据项目的具体情况进行分析，然后选择、配置合适的系统。一般而言，由客户提出具体的需求，如多少点位、什么样的清晰度、多久的存储时间、什么样的业务功能等，再结合客户的预算，选择合适的产品及架构，最大限度地发挥其效能。

1. DVR 架构

在客户预算极其有限，并且在相对较小的场合，点位不多的情况下采用 DVR 架构，该架构已趋于市场淘汰阶段，一般不建议采用。

2. NVR 架构

NVR 架构是目前中小型视频监控组网的首选，综合考虑系统扩容、业务变更等因素，不建议未来超过 512 摄像机点位的系统采用 NVR。IPC 是部署 NVR 的前提，NVR 不能与模拟摄像机配合使用，稳定可靠并且有充足网络带宽的网络资源是部署 NVR 的先决条件。NVR 的存储空间和不同级别的数据冗余方式，需要在设计时考虑。重要场景的应用，NVR 还有 N+1 或集群的冗余机制，实现高可靠性。

3. 视频管理平台架构

中型视频监控系统基于视频管理平台，也有采用将视频管理服务模块、存储数据管理模块、媒体转发模块集到一体大型视频监控系统中，往往将各个模块分布式部署，避免出现单点故障影响整个系统。例如宇视科技的视频监控系统，采用 NGN 架构（Next Generation Network，下一代网络），将视频管理模块与存储模块相分离，当视频管理模块发生故障后，并不影响视频数据的存储，避免了重要数据丢失。

在大中型视频监控系统中，不仅仅要关注传统的视频监控业务，还需要根据业务需求，设计与不同系统的对接应用，每个行业有各自的应用特点，这是在设计架构时容易被忽略的地方。

7.3　视频监控系统设计及选型

7.3.1　音视频采集系统设计及选型

前端采集设备的选型，一般可以根据实际的使用环境、视野需求、清晰度、业务应用等方面去选择，如图 7-1 所示。

　　一般环境下，可以选择通用型摄像机。高温、严寒等恶劣环境，需要根据现场具体温差范围选择温度适应范围更宽的摄像机，或选择防护罩调温控制、防雨、防雪、防沙尘等。在空旷的环境，尤其是山区地形，需要考虑防雷接地。

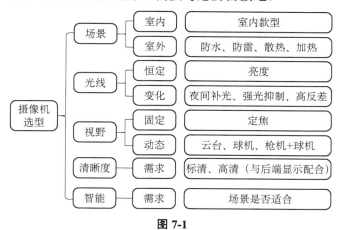

图 7-1

　　强反光环境，需要选择具有宽动态或背光补偿功能的摄像机。安装在道路上的摄像机，受车辆大灯影响，需要考虑具有强光抑制功能。在夜间没有灯的环境下，需要考虑安装红外或白光补光灯，其中红外补光灯需要和日夜型镜头配合使用才能达到比较好的效果。

　　需要多角度、全方位监控的场景，如广场、大厅，一般使用球形机或云台摄像机配合固定焦距的枪形机或筒形机，来满足大视野的需求。固定小场景监控场景，如走廊、道路、出入口等，一般使用枪形或半球形摄像机。

　　对于重要监控场所，如柜台、出入口等需要重点关注人员或事物特征，一般需要使用高清摄像机。选择高清摄像机时需要注意，摄像机的分辨率是否与编码器（若是数字型摄像机需考虑，网络型摄像机不需要考虑）、解码器、显示器相匹配，只有整个系统都支持高清的制式，才能够呈现高清的效果。对清晰度要求较低的普通场景可选用标清摄像机。

　　在一些特殊场合如出入口、重点监控地点等，可以根据业务的需要部署人脸识别、人数统计、智能跟踪等摄像机，减轻人工压力。

　　摄像机是监控系统的重要组成部分，摄像机之间的用途、形态、性能和功能有很大的差异，在选型时，除了基本的形态外，还有很多需要注意的地方。

　　摄像机按照传输信号的不同，可以分为模拟摄像机、数字摄像机和网络摄像机，前端视频采集系统与后端解码系统要一致，否则会无法正常解码。模拟摄像机通过同轴线缆配合 DVR（数字硬盘录像机）使用；数字摄像机通过同轴线缆接入高清编码器配合 NVR（网络硬盘录像机）或监控平台；网络摄像机直接通过网线连入 NVR 或监控平台，目前市场上这三种组网方式较为常见。

　　摄像机按照形态划分，可以分为球形摄像机、半球形摄像机、枪形摄像机、筒形摄像机、一体化摄像机、针孔摄像机、卡片摄像机等，可根据摄像机安装的环境选择合适形态的摄像机。不同形态摄像机，需要注意室内外的区别，室外型摄像机的防护等级更高，至少应该达到 IP65 以上，若是枪形摄像机则要选择室外型护罩。室外型设备可以在室内使用，但室内型设备不能在室外使用。根据摄像机监视的区域，还要选择合适的焦距、光圈的镜头以及考虑夜间补光。

摄像机按照分辨率划分，有标清 D1 分辨率，常见的高清有 720P、1080P 等分辨率，还有更高的 300 万像素、500 万像素、800 万像素的摄像机，理论上，像素点越多的摄像机清晰度越高，同时占用的带宽和存储资源就越多。

模拟摄像机在传统的视频监控系统中被大规模采用，目前也还在继续大量使用。对于无网络环境或不需要远程网络监控的小规模局点，可选择使用经济、安装使用方便的模拟摄像机，搭配 DVR 或混合式 NVR 产品，实现简单灵活的小型场所监控。部分特殊应用场景，如电梯监控场景幅度并不大，使用模拟摄像机加编码方式安装更方便，加上电梯经常性地上下运动，采用模拟摄像机连线较网络摄像机更经久耐用、更稳定。

网络摄像机比模拟摄像机能提供更高的清晰度，更适合于高清监控场所。此外，网络摄像机能通过远程访问方便地实现统一管理，维护更加简单、高效。在布线上，网络摄像机用一条网线便可实现视音频信号和控制信号的双向传输，部署灵活，布线简单、成本低，适用于各种应用场景。

半球形摄像机：一般用于室内，吸顶式安装，受外形限制一般镜头焦距不会超过20mm，监控距离较短；可应用在走廊、办公室、会议室等对整体建筑风格有一定要求的场所。

枪形摄像机：这是摄像机最开始的形态，不含镜头，能自由搭配各种型号镜头。安装方式使用吊装、壁装均可，室外安装一般要加配防护罩。枪形、筒形摄像机可应用在对摄像机外形没有什么要求的场景。

球形摄像机：一般应用于长距离大范围的监控，可以应用在多个领域，比如大型商场、机场、广场、港口、大中型会议室、厂房、公园、室外停车场等，可以轻易地捕捉到各种监控细节。

一体化摄像机：常见的一体化摄像机中有一类也可以称为筒形机，它集护罩、镜头、补光灯为一体，可以与云台配合使用，应用在石油石化、高速公路、平安城市等高清监控环境。

分辨率是体现图像细致程度的参数，直接反映了图像所包含的数据信息量。低分辨率图像包含数据不够充分，当把图像放大到一个较大尺寸观看时，会显得相当粗糙。所以必须根据图像的最终用途决定正确的分辨率，以保证图像包含足够多的数据，能满足最终输出的需要。一般在不需要关注细节的监视场合，可以使用 D1 标清分辨率摄像机。而对于道路车辆监控、金融、图像处理等特殊场合，必须具备关注车辆车牌、货币交易对象及实物、图像像素清晰的细节等的应用，则需要使用 720P、1080P 或更高分辨率的摄像机。

当在强光源（日光、灯光或反光灯）照射下的高亮度区域及阴影、逆光等相对亮度较低的区域在图像中同时存在时，摄像机输出的图像会出现明亮区域因曝光过度成为白色，而黑暗区域因曝光不足成为黑色，严重影响图像质量。在这种图像存在高反差的场景一般需要使用宽动态摄像机，以确保光线明暗区域的画面都能清晰地呈现，这种场景多见于商场玻璃柜台、玻璃大门口、隧道出入口等。

在医院、金融、酒店、写字楼、住宅小区、校园、港口、高速公路等场合，对摄像机性能要求比较高，由于常规型摄像机难以满足 24 小时连续监控的需求，所以低照度摄像机成为首要选择。特别对于夜间光照不足，又不可能大规模安装补光照明设施的情况下，要想得到较好的监控效果，就需要安装低照度摄像机，它既能保证监控效果，又能简化系统构成和实现较好的可靠性与较低的成本。

低照度摄像机一般是指无须辅助灯光就能够辨别低照环境下的目标，其原理是运用摄像机本身感光组件 Sensor（传感器）、图像处理单元 ISP/DSP 及镜头光学作用共同实现摄像功能。低照度摄像机主要依靠自身的性能来实现在微弱光线下获得较好的监控效果，对外部环境依赖较小，对于特殊场合，夜间能实现隐蔽监控。

通常用最低环境照度要求来表明摄像机灵敏度，黑白摄像机的灵敏度是 0.02～0.5Lux，彩色摄像机的灵敏度多在 1Lux 以上，应根据监视目标的照度选择不同灵敏度的摄像机。一般而言，监视目标的最低环境照度应高于摄像机最低照度的 10 倍。

一般日夜型摄像机的低照性能以彩色 10^{-2}Lux 及 ICRon 黑白时 10^{-4}～10^{-3}Lux 的模式来标示。此种摄像机利用黑白影像对红外线高感度的特点，在特定的光线条件下，利用电子机械线路切换滤光片 ICR Cut 或直接切换为黑白信号，即在感应红外线后将影像由彩色转为黑白模式。而在彩色/黑白线路转换的过程中，因为去除了红外滤光片，使得画面成像焦点产生了变化，故必须搭配 IR 镜头，使日夜成像焦距保持一致，以避免影像焦距模糊及色彩表现不正确等缺点。自动"日/夜"转换功能使得摄像机可在白天捕获到高质量的彩色图像，并且在夜间也能拍摄到清晰的黑白图像，使用于 24 小时监视。

红外线摄像机（IR Camera），是目前除了日夜型摄像机以外较好的另一种低照度夜视应用，可分为摄像机内置 IR 灯及外挂 IR 辅助投射灯两种。因为 CCD 及 CMOS Sensor 感光组件可以感应大部分可见光及红外光，故可在夜间无可见光照明的情况下，辅助红外光灯照明使影像 Sensor 感应出更清晰的影像。同时，摄像机的感光组件在黑白模式下比彩色模式具有更高的光感灵敏度，可在黑暗的环境中获取到更清晰的影像，所以在红外灯的辅助照明下，可做到 0Lux 环境条件下的监控应用。

现在市场上还可以常见到星光级摄像机，它通常是指星光环境下无任何辅助光源，可以显示清晰的彩色图像，以区别于普通摄像机只能显示黑白图像。

摄像机的选择，除了考虑形态样式、清晰度、光线环境因素外，还有其他一些方面需要注意的，比如应用接口（告警接口、音频接口、网口或光口等）的选择。在工程施工方面还需要根据实际环境选择合适的供电方式。

在一些特殊的应用环境下，需要根据摄像机的物理防护来选择相应的摄像机。摄像机的物理防护基本上分为防暴力、防爆炸和外壳防护三类。防暴力摄像机是在外力暴力打击下仍然可以保证正常工作的摄像机，其特点是外壳具有很强的抗击打能力。此类产品一般需要提供锤击、冲击试验检测报告。防爆炸摄像机是指摄像机采用了防止产生电火花等防爆设计，在易燃易爆场合应用不会引发易燃易爆气体或液体的爆炸。此类产品需要提供防爆炸合格证。外壳防护所涉及的则主要是防水、防尘、防止外物入侵等内容。摄像机外壳防护的标准有 IP65、IP66、IP67。智能建筑使用的摄像机，其物理防护主要体现在外壳防护上；防暴力摄像机与防爆摄像机只在特定条件下才会应用。防暴力摄像机的出现和应用，使安装在一些容易遭受恶意破坏或是自然环境恶劣场所的监控设备能够正常的工作，为我们的日常生活和生产、工作带来了高安全性的保障。

镜头的焦距应根据视场角大小和镜头与监视目标的距离确定。当要摄取固定监控目标时，可选用定焦镜头；当视距较小而视角较大时，可选用广角镜头；当视距较大时，可选用长焦镜头；当需要改变监控目标的观察视角或范围比较大时，宜选用变焦镜头。

例如，某人距离摄像机 10m，下面通过粗略估计的方法来选择 4mm 以上镜头：

- 要看清人脸，用 20mm 左右的镜头。
- 要看清人体轮廓，用 10mm 左右的镜头。
- 要监控人的活动画面，用 5mm 左右的镜头。

总结起来，如果物体距离摄像机为 X 米。

- 要看清楚人脸，选 $2X$mm 的镜头。
- 要看清楚人的轮廓，选 Xmm 的镜头。
- 要看清楚人的行为，选 $X/2$mm 的镜头。

如果摄像机和监控物体之间的距离不变，那焦距越大，观察到的人的细节越清晰，视角越小；焦距越小，视野越广，则细节越模糊。

根据场景是否变换选择固定焦距、手动焦距、电动变焦镜头。通常固定、手动焦距镜头在道路监控、走廊监控等固定场景下使用，一般搭配枪式摄像机或内置于筒形摄像机、半球摄像机中。而电动变焦镜头在广场、路口等全方位监控场景下使用，一般搭配枪形机或内置于筒形机、球形机中。

根据光线情况选择自动光圈、手动光圈、电动光圈镜头。通常固定、手动光圈镜头在会议室、教室等室内光线变化不大的环境下使用。由于环境光线多数情况下都是变化的，所以电动光圈应用更加广泛，如建筑物外的广场、室外道路、园区周界、室外停车场等室外应用一般都需要选择电动光圈镜头。

镜头的解像力也叫分析力、分辨力，是指可鉴别非常靠近的两个物点的能力。解像力反映一个镜头所摄影像的清晰和明锐度，是衡量镜头好坏的重要指标。 胶片时代是利用投影或实拍鉴别率板上的黑白线条来实现的，通常以线对/毫米（lp/mm）来表示，好的镜头中心视场可达 50～70 线对，边缘视场 40～50 线对。还有一种更为客观的方法是测量镜头的 MTF 函数。根据 MTF 函数，可以知道：百万像素镜头在空间频率数高的频带处也可维持高的 MTF 值，即能确保镜头画面在中心和边缘部位都能获取到高的分辨力。所以在百万像素摄像机选择镜头时必须配百万像素镜头。

7.3.2 视频显示系统设计及选型

视频显示系统一般用于门岗、监控分中心及监控控制中心三个典型场景。

门岗的应用较为简单，图像显示业务是出入口控制端或者是附近出入口及边界的视频监控实时图像。在该应用场景下，显示系统大多为 CRT 或 LED 显示器，配合计算机、云终端、NVR、DVR 等显示输出设备使用。在产品选型时，需要注意选择与前端显示匹配的分辨率，以及与显示输出设备配套的视频接口。

监控分中心在平安城市的区级公安分局或是大型工业园区里配置，是通过实时视频图像完成就近指挥调度的地方，在视频显示方面没有特别之处，甚至可以参照监控中心的配置进行建设，相对而言，视频显示单元的数量略少。

监控控制中心是整个系统中人机交互最多的地方，大量的实况监视、录像回放等都是在监控控制中心完成的。视频显示系统常见的组成有解码器、电视墙、控制计算机、控制键盘等。由于现在摄像机越来越多，作为整个系统核心的监控控制中心，应该尽可能地将关键点位的摄像机实况图像显示出来，所以拼接大屏得到越来越多的应用。拼接大屏主要由多个显示单元及图像控制器构成，可用于一个画面全屏幕显示或多个画面多个窗口显示。输入原始信号可以是解码器、计算机信号等，通过图像处理器分配到拼接屏。拼接屏的每块屏都可以显示一个完整的视频源图像，也可以几块屏合起来作为一个显示单元显示图像。图像处理器可以实现电视墙的布局调整、窗口调用、矩阵切换等功能。常见的拼接屏为 LCD 屏，拼接方式为 2×2，3×2 等，前一位数字代表横排有几块拼接屏单元，后一位数字代表竖排有几块拼接屏单元。整个拼接大屏系统的控制核心在图像处理器，由它来控制大屏上显示的内容。

7.3.3　视频传输系统设计及选型

1. 视频监控承载网业务需求

视频监控的数据流量具有突发性，而网络拥塞将对实况监控画面产生影响，所以在设计视频监控的承载网络时，必须考虑突发的实况、回放数据引起网络拥塞：

- 视频码流微观上看不是均匀的。
- 接入交换机下的多个前端设备容易造成上行口拥塞。
- 在考虑接入交换机的带宽时，需要同时考虑 24 小时存储流，正常的实况流以及是否会有突发的实况流。
- 汇聚层交换机需要考虑接入层交换机的总带宽。

由于单路视频的分辨率逐渐由标清向高清转变，因此市场对于传输的码率要求也逐渐在提高，普通的标清 SD 图像一般需要 2～4Mbps 码率承载传输，高清 HD 图像一般需要 4～8Mbps 承载，并且随着接入的前端图像数量越来越多，对于交换机的接入背板带宽需要与之相对应地有所增大；同时对于多媒体数据来说，当图像中运动景像较多时，编码后数据量会突发较大，因此对于一个接入交换机来说还需要考虑码率突发对接入缓存的影响。一般来说，一个普通的百兆接入交换机在接入摄像机路数的时候不能按满载接入进行设计。

容易产生网络拥塞的地方在接入交换机和汇聚交换机的上行口、解码设备接入交换机的上行口、交换机之间互连用百兆接口，存储设备、数据管理服务器及媒体分发服务器用百兆接口接入，这些都是容易造成网络瓶颈的地方，在设计的时候尤为注意。

视频实时数据报文经过编码压缩后在网络上传输，若网络丢包造成数据报文的丢失，会带来大量的原始视频信息丢失，在还原视频图像时，用户就能感觉到明显的质量损伤。视频存储数据一般要求可查证、可追溯，对可靠性要求高，网络的震荡、故障乃至中断都对业务可用性、数据可靠性造成威胁。视频业务的这种特点对 IP 承载网络提出了高可靠性要求，IP 承载网络需要在报文传输保障、故障恢复时间的保障上有更高的标准。

根据公安部标准 T.669 的要求，监控传输网络对网络延时、抖动值、丢包率以及误包率都有一个行业的监控应用标准。基于交换机的硬件交换，可以控制数据包的转发速率、丢包率以及码率传输的误码率在较低的范围，能够满足监控业务的使用。但是出于目前网络中业务应用复杂性以及本身网络的安全方面因素考虑，监控网络的故障要求能够迅速恢复，则需要结合网络中比较成熟的高可靠性冗余备份技术进行保障，比如交换网络中的 VRRP、RRPP、Smart Link 等。

对于视频内容本身影响的视频质量，主要有以下 3 个方面：

● 块化。由于低码流速率和低质量的压缩算法造成的损伤，表现为可以明显看到画面的分格化、色块以及色彩过渡不均。

● 模糊。由于片源编码压缩降低了分辨率而造成的损伤，表现为画面模糊、不锐利、缩小画面后有好转。

● 闪动。由于不合适的采样频率造成的损伤，表现为跳帧。比如在有荧光灯的室内，若采样频率不对，则摄像机画面会出现闪动现象。

网络质量对视频图像的质量有致命的影响，通常传输实况采用 UDP 协议，在丢包率低的情况下，可以尝试改用 TCP 协议传输实时视频，通过 TCP 协议重传机制，减少丢包造成的影响。

IP 视频监控系统容易发生由于网络拥塞造成的图像卡顿等异常，所以在设计视频监控系统时需要了解清楚视频数据流量模型，视频数据的汇聚点在哪里，应规划好带宽，避免出现网络瓶颈。

摄像机 24 小时发送一路存储流，在有需要的时候至少发送一路实况流，如果有媒体分发服务器，则由媒体分发服务器进行实况流的复制分发。存储设备用于接收前端的存储码流，它是一个数据的汇聚点，需要用千兆接入；监控中心的 Web 客户端（软解码）及硬解码用于接收实况码流，尤其是 Web 客户端（软解码），每一个窗格就是一路实况码流，假设实况采用 4Mbps 码流，那么 16 个窗格解码就会产生 64Mbps 码流的流量，所以需要考虑解码时所需要的最大带宽。

在设计网络时，需要注意前端摄像机接入交换机的汇聚节点；存储、存储管理服务器、媒体分发服务器的汇聚节点；软硬解码的汇聚节点，这三个地方都容易产生网络拥塞。

2. 视频监控承载网拓扑结构及设备选型

中小型视频监控系统的网络拓扑多采用接入层、汇聚/核心层两层结构，大中型视频监控系统采用接入层、汇聚层、核心层三层网络结构。核心层的主要功能是数据流量的高速交换，充分考虑链路备份和流量的负载分担。汇聚层的主要功能是完成接入层数据流量的汇聚，实现三层和多层的交换。接入层的主要功能是提供独立的网络带宽，划分广播域，基于 MAC 层的访问控制和过滤。在监控网络中，摄像机等终端设备通常和接入层设备连接，所以接入层需要实现尽可能高的带宽和端口。

（1）接入层交换机的选择

接入层交换机主要用于下联前端网络高清摄像机，上联汇聚交换机。以 1080P 网络摄像机 4Mbps 码流计算，一个百兆口接入交换机最大可以接入几路 1080P 网络摄像机呢？

常用的交换机的实际带宽是理论值的 50%～70%，所以一个百兆口的实际带宽在

50～70Mbps。4Mbps×12=48Mbps，因此建议一台百兆接入交换机最多可以接入 12 台 1080P 网络摄像机。同时考虑目前网络监控采用动态编码方式，摄像机码流峰值可能会超过 4Mbps 带宽，同时考虑带宽冗余设计，因此一台百兆接入交换机最好控制在 8 台以内，超过 8 台建议采用千兆口。

（2）汇聚/核心层交换机的选择

在小型监控组网中，汇聚层与核心层合并在一起，汇聚层交换机性能比接入交换机要求更高，其要求下联接入层交换机，上联监控中心视频监控平台、存储服务器、数字矩阵等设备，是整个高清网络监控系统的核心。在选择核心交换机时必须考虑整个系统的带宽容量及带宽分配，否则会导致视频画面无法流畅显示。因此监控中心建议选择全千兆口核心交换机。如果点位较多，需划分 VLAN 时，还应选择三层全千兆口核心交换机，摄像机数量超过 150 台的大型监控系统还应考虑三层万兆交换机。

承载平安城市系统的是标准三层大中型数据通信网络，除了传统的接入层、汇聚层、核心层三层网络设计外，结合视频监控系统流量模型，需要考虑：① 接入带宽需求；② 接入方式多样性需求；③ 接入流量突发需求；④ 组播需求；⑤ 核心网络冗余备份需求。

3. 视频监控承载网络接入技术

大型视频监控系统的承载网络，重点要满足汇聚层和接入层的接入方式，常见的有电口、光纤、EPON、WiFi 等，其次是接入层交换机的带宽需求，上行带宽能够满足存储及并发实况的需求，在设计汇聚层网络时，要有冗余带宽，避免产生网络瓶颈。在汇聚层和核心层中，可以综合考虑视频监控系统的重要性，设计双机或双核心双链路备份。

在网络带宽成本较高的情况下，尤其是在监控范围很广的情况下，可以考虑采用组播的方式接入前端，选择交换机时需要选择拥有组播功能的设备。

核心层网络关注的重点在高性能和高可靠性，实现视频监控系统服务器、存储设备的高速接入，构建统一的数据交换中心、安全控制中心与网络管理中心。核心层网络设备，一般选择千兆或万兆核心的交换机，主要看承载的视频监控系统的规模大小。

当解码器和视频管理客户端通过单播接收实时视频图像时，只需要将解码器和视频管理客户端连接至交换机，同时保证视频码流带宽满足要求。

当解码器和视频管理客户端需要组播接收实时视频图像时，监控网络中的交换机必须支持组播功能。三层交换机需要支持 IGMP、PIM-SM 协议，两层交换机需要支持 IGMP Snooping 以及未知组播丢弃，防止组播报文在两层广播发送。

存储层通常使用单千兆链路或双千兆链路聚合方式与网络相连，以满足实时存储和点播对高带宽的需求。

数据管理服务器若需要转发流量，对带宽要求较高，通过千兆网口接入网络。若只是负责管理，如视频管理服务器，对带宽的要求较低，可以采用 10/100M 以太网口接入。

在视频监控系统中，接入视频/图片码流转发的服务器，建议采用千兆端口接入，避免产生网络瓶颈。

在商店、超市等超小型局点，一般采用以太网、POE、WiFi 无线接入，这类局点对价格敏感度高，点位数量相对较少，所需要监控的面积相对也较小，采用 POE 技术接入可以简化布线，如图 7-2 所示。

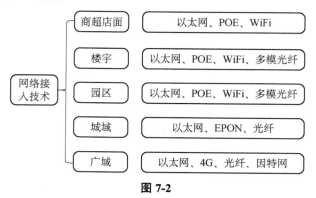

图 7-2

在楼宇、园区这类中小型局点，除了以太网、POE、WiFi 等，超过 100m 还可以考虑使用多模光纤或是 EPON 技术接入。在园区中，使用 EPON 接入技术，是相对性价比较高的一种方式。

在城域范围内搭建的视频监控系统，以电口接入为主，辅助采用光纤、EPON 接入方式，若要考虑数据安全，则采用 EPON 技术是比较好的选择。

跨城域的视频监控系统承载网，线路成本是不可忽视的因素，所以采用因特网传输数据的方式比较多见，但是通过公网传输，一方面传输质量无法保证，会导致观看实况会出现卡顿等情况；另一方面数据的安全性无法保证，视频图像可能会被人窃取。跨广域网络视频监控系统多用于平台与平台之间的对接，需要在设计时考虑实况、调用录像时所需要的带宽。

EPON（Ethernet Passive Optical Network，无源光网络），通过单纤双向传输方式，实现视频、语音和数据等业务的综合接入。

EPON 采用非对称式点到多点结构，中心端设备 OLT（Optical Line Terminal，光线路终端）既是一个交换路由设备，又是一个多业务提供平台，它提供面向无源光纤网络的光纤接口（PON 接口）。OLT 与多个接入端设备 ONU（Optical Network Unit，光网络单元）通过 POS（Passive Optical Splitter，无源分光器）连接。POS 是一个简单设备，它不需要电源，可以置于相对宽松的环境中，一般一个 POS 的分光比为 2、4、8、16、32，并可以多级连接。EPON 采用 WDM（波分复用技术，属多路复用的一种）和 TDM（时分复用技术），上下行采用不同的波长传输数据，上行波长为 1310nm，下行波长为 1490nm。

EPON 消除了局端与用户端之间的有源设备，因而避免了外部设备的电磁干扰和雷电影响，减少了线路和外部设备的故障率，提高了系统的可靠性，同时节省了维护成本。EPON 技术采用点到多点的用户网络拓扑结构，大量减少了光纤及光收发器数量。EPON 目前可以提供上下行对称的 1Gbps 的带宽，并且随着以太技术的发展可以升级到 10Gbps，保证了高清视频监控的高带宽需求。EPON 提供端到端的安全保障机制，杜绝了外界的非法入侵和攻击。在园区监控、路监控环境中 EPON 接入被广泛采用。

4. 视频监控公网接入技术

监控的应用逐渐由孤立的小局域网向广域网联网监控发展，如教育行业联网视频监控、加盟连锁店铺联网监控。联网监控一般具有如下特点。

- 两级架构：场所分控、中心监管。
- 场所分控：录像前端存储（DVR/NVR）。
- 中心监管：业务监管，业务以实况、录像调阅和告警联动为主。
- 弱管理：数据在本地场所局域网内集中，网间流量小。
- 场所众多：各场所自建联网终端，同时有访问因特网或者 OA 办公需求。
- 网络低廉：成本控制紧，基于广域网构建承载网络。
- 双 NAT 穿越：集团数据中心 NAT，场所 NAT。

广域场所联网中的集团数据中心和监控中心对于安全有较高的要求，不可能将服务器直接暴露在公网上。通常使用 NAT 技术构建安全的企业内网，通过防火墙与广域网隔离，并使用专线的方式接入广域网。联网的各个场所通常使用 ADSL、VDSL、FTTx 等方式接入广域网，本地部署 NAT 实现多台设备、PC 同时上网。

在广域网接入方案中，通常最先想到的就是基本的 NAT 端口映射，即在私有网络地址和外部网络地址之间建立"地址＋端口"映射关系，通过开放信令端口、业务端口的方式实现穿越防火墙的互联互通。

但 NAT 端口映射存在很多限制，在复杂组网，如多重 NAT 组网环境下，就可能无法实现正常的监控业务。而且监控业务涉及端口众多，使得维护工作量大，容易出错，不易用，严重降低了 NAT 防火墙的性能。采用 NAT 端口映射方式，通常视频联网需要使用独立的广域网接入，会增加租用成本。

NAT 通过改变 IP 报文中的源或目的 IP 端口来实现，解决了 IP 地址不足的问题，隐藏并保护网络内部的计算机，有效避免来自网络外部的攻击。

NAT 使 IP 会话的保持时效变短，依赖于 NAT 网关对会话的保活时间要求。

NAT 将多个内部主机发出的连接复用到一个 IP 上，使依赖 IP 进行主机跟踪的机制都失效。

NAT 破坏了 IP 端到端模型，对应用层数据载荷中的字段无能为力，使跨内外网通信的端口协商、地址协商以及外网发起的通信困难，所有数据面与控制面分离的通信协议（FTP、SIP、RTSP、H323 等）都会面临这个问题。NAT 工作机制依赖于修改 IP 包头的信息，这会妨碍一些安全协议的工作。

随着监控行业的不断发展，家庭以及中小企业用户的广域网监控需求日益增加，用户通过手机或者 PC 便捷地远程访问监控设备、查看实时监控画面成了新的趋势，如图 7-3 所示。

一般而言，DVR、NVR 或 IPC 等设备本身支持 PPPoE，可直接自动拨号接入公网。即支持 PPPoE 自动拨号功能的设备拨号获取公网 IP 地址，但通过这种方式获得的 IP 地址是动态的。

另外，DVR、NVR 或 IPC 等设备也常通过路由器接入公网。设备接路由器，路由器通过拨号或别的方式获取公网 IP，需要在路由器中做端口映射，此种方式下获取到的公网 IP 可能是动态的。

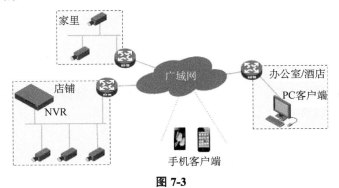

图 7-3

以上两种方式接入广域网获取到动态 IP 地址，对设备的访问带来了很大的困扰。动态域名服务 DDNS 为用户提供域名与设备动态公网 IP 地址的映射服务，使用户可以通过域名获取对应的动态 IP 地址。用户设备每次连接公网时，设备上的 DDNS 客户端程序就会将自身的动态 IP 地址注册给 DDNS 服务提供商的服务器，DDNS 服务器负责提供 DNS 服务并实现动态域名解析。目前业界有很多 DDNS 的服务提供商，比如花生壳、金万维等，通常其服务是收费服务。

由于 DDNS 服务提供商通常采用收费服务，用户使用的成本较高；即使存在免费服务，其服务的质量也很难得到保证。鉴于此，宇视科技推出了自己的免费 DDNS 服务 EZCloud。用户可以通过浏览器或手机客户端随时访问已注册 EZCloud 服务的宇视设备（DVR、NVR 和 IPC 等设备）。用户无须注册使用第三方域名，即可方便、快捷地访问广域网中的设备。

7.3.4 视频存储系统设计及选型

事后查阅、取证是监控系统的一个重要业务功能，所以视频监控系统需要高性能、高可靠性、易用性的存储设备。同时监控系统还需要考虑前端摄像机点位的扩容，所以存储的可扩展性也是需要的。

随着监控行业对视频清晰度要求的提升，高清摄像机接入越来越多，因而码流带宽也逐渐增大，高清 720P、1080P 的带宽需求在 2～8Mbps。终端多路高码流的接入存储，要求存储设备与终端之间具有充足的带宽保障，要求存储设备本身具有高带宽处理能力。

监控系统的录像存储通常都是 24 小时不间断地顺序写入的，而读取，如录像回放等应用的时间则要少很多，所以具有写多读少的特点。在这种高强度的运行模式下，要求存储设备具有多路数高效的处理能力、高可靠性。

监控存储可靠性体现在硬盘、阵列的可靠性上。对于重要的存储数据，通常要求单个的硬盘故障不会影响正常存储业务，这就要通过存储设备的冗余阵列来实现。

文件系统对文件的存储分为两部分：元数据和数据，这两部分数据在磁盘上的划分就是不连续的，加上元数据都是小数据块（如 NTFS 中每个 MFT 项的大小为 1KB），这样最终在存储资源上出现了小块随机读写，并且文件系统对数据存储是按数据块来分配的，这样就有可能导致数据也不是存储在物理地址连续的数据块上，这种不连续又会产生随机读写的流量模型。

裸数据块直存方式是根据业务自有的数据结构存放在物理磁盘上，如果业务的数据结构是顺序的，则它最终在物理资源上就是顺序读写流量模型；如果它的业务本身数据结构不是顺序的，例如数据库（在某个表空间的某个表中修改表中某几条数据或是读取某个表中的几条数据），则它最终在物理资源上就是随机读写流量模型。

文件存储的方式便于拷贝转存，但裸数据块不行。文件存储查询缓慢，当前文件不可靠，无法立刻调阅。裸数据块比文件系统更具安全性，裸数据块的存储方式不会因为服务器的突然掉电导致文件系统损坏导致数据丢失。基于块的存储效率高，没有文件瓶颈，可以支持各种文件系统，查询速度快，容量可以管理，数据随存随看。

存储阵列的选择需要结合实际使用要求。在主要考虑经济性、对冗余性要求不高的场合，如部分不重要摄像机点位的存储，可以选择使用 JBOD 或 RAID0。这样可以充分利用硬盘的容量，成本低。在对冗余性要求高又考虑到经济性的场合，可以选择使用 RAID5，实现阵列冗余的同时最大程度使用硬盘容量。在对于冗余性要求很高、不考虑经济性的场合，推荐使用 RAID1 或 RAID10，通过一半硬盘的容量，来实现 1∶1 高度的冗余。

硬盘有效数量计算是监控存储设计的重要环节，关系到存储设备的选型。硬盘数量的计算需要考虑以下几点：

- 接入摄像机的码流大小。
- 接入摄像机的路数。
- 存储时长。
- 硬盘本身的有效容量。
- 阵列有效硬盘数量。
- 冗余（码流波动）。
- 热备盘。

存储设备的选型，一般根据存储规模来选择。在小规模，几路、十几路、几十路摄像机集中接入的小型监控应用中，可以直接使用（混合式）DVR 或经济型的 NVR 产品进行单机存储，一体化设备具有人机操作功能，部署简单、使用方便。

在中小规模组网中，几十路、上百路摄像机的集中接入，可选用中、高端一体式 NVR 进行存储，管理与存储一体化，支持人机操作，继承 DVR 的使用习惯，功能精简，可操作性强。也可以通过 PC 端的 Web UI 进行统一管理，功能多样、操作灵活。

在大规模组网中，几百路、上千路摄像机的接入，推荐选用管理平台与网络存储设备分离的分体式 NVR 或专业 IP SAN 设备，将存储与信令处理、媒体转发处理相分离，通过分布式部署，提高了系统的性能和可靠性。因其具有丰富的 RAID 和其他保护机制，具有高可靠、高性能、强扩展、多功能的特点。

存储的备份方案通常分为两种：双直存方式和录像转存备份方式。

双直存方式，是指终端的 IPC 同时发出两路存储码流，一路码流直接往本地的 NVR 上进行存储；另一路码流往远端的第二录像存储盘阵上进行存储。在双直存的方案中，本地和远端的存储都是同时进行的，对网络的带宽要求比较高。

录像转存备份方式，是指终端 IPC 只发一路存储码流，直接存储在本地 ECR/NVR 中，再通过备份计划把本地 ECR/NVR 中的录像以全帧或抽帧的形式备份到远端的第二录像存储盘阵中。备份开始时间可以设置，一般选择网络整体负载较小的时间段进行备份。在录像转存备份方案中，只是对已存储的录像进行备份，且录像的远端备份和本地存储不是实时同步进行的，所以对网络的带宽影响较小。

7.3.5 视频管理控制系统设计及选型

视频管理控制系统是整个视频监控系统的核心，也是做人机交互最多的地方，它的易用性决定了整个系统的工作效率。但并不是功能越多越好，而是针对该系统所要达到的目标，找出关键业务，以最有效的方式得以实现。

在选择视频管理控制系统时，要根据摄像机数量以及实时视频流、存储流、回放流并发数，未来几年的业务变化需求，来决定采用 DVR、NVR 还是集中式\分布式的视频管理平台。

1. 小型组网 DVR 选型

选用 DVR 一定是基于非常小的组网环境，并且在经费非常紧张的情况下的选择。要选型数字录像机（DVR），可以从录像速度、储存容量及备份、图像清晰度、操作简便与否等重要性能来做判断。但在这几点的比较上，并不是一味地追求速率快、容量大、清晰度高，却不知实际上这三项指标是互相制约的，不可能要求三种都达到最好。而操作使用是否简便，也常被设计人员所忽略，直到安装过程中才发现，浪费了许多时间。

（1）录像速度

对录像速度而言，其实所有的 DVR 在实时状态下都是 25 画面/秒或 50 图场/秒（PAL 格式）。如果同时记录 16 路图像，每路的速度只有每秒 25/16 张或每秒 50/16 图场，多路录像时，某些 DVR 采用先进的影像位移检测的方式大幅度地提高录像速度，活动图像的记录速度实际上几乎达到实时，比没有影像位移检测功能的录像机快出许多倍。

（2）储存容量及备份

录像容量也是越大越好，但最重要的是要有接口连接外部数字储存设备，进行图像数据的备份，只有经常进行备份，才能保证有价值的图像能够被安全地保存下来，并方便进行传输。把几个月的图像都存在机器内置硬盘上是很不明智的，一旦硬盘损坏，所有资料都将完全丢失。

（3）图像清晰度

图像清晰度的高低直接反映了 DVR 的品质，但是从技术原理上来说，清晰度越高，占用的储存容量就越大，因此，要根据实际情况去调节清晰度的高低，才是最好的设计，这一点几乎各厂牌的产品都已经做到了。

（4）操作简便与否

操作使用是否简便最终决定产品在实际应用中的适应性，越来越多的用户希望按一个键就能完成所有功能，很多厂家忽略了用户使用电器设备的整体素质，把产品设计得功能繁多，操作过于复杂，结果难以得到推广。为了改善这个缺失，现今很多厂家在不断地改进自己的产品，例如采用人性化的键盘，简化日常的操作使用，或者增加计算机网络接口功能，及顺应网络发展潮流等，以扩大在市场的占有率。

2. 中小型组网 NVR 选型

越来越多的小型 DVR 组网被 NVR 所取代，在中型视频监控系统中更是如此。NVR 按照硬件平台分为三种类型：一种是专用硬件架构采用嵌入式操作系统，这是目前市场上比较流行的方案，第二种是工控机的硬件架构采用嵌入式或通用的操作系统，第三种是纯软件式的 NVR。

第一种 NVR 是主流厂商采用的架构，其产品稳定，功能齐全，接口丰富，成本也较低，为无特殊业务的推荐产品。第二种架构由于是通用 PC 架构，接口单一，并且在长时间运行后稳定性较差，但是有二次开发需求时，相对开发难度低。纯软件架构的 NVR 硬件选择范围大，二次开发难度低，但是稳定性和兼容性都欠缺。

NVR 在选型时，可以根据最大接入路数、可扩展性、最大接入带宽、最高视频分辨率、存储盘位及容量、是否支持 PoE 供电、操作界面易用性 7 个方面来选择。下面简要介绍前面 6 个方面。

（1）最大接入路数

最大接入路数指单台 NVR 支持接入的 IPC 的最大数目。

（2）可扩展性

可扩展性是指达到单台 NVR 支持的最大路数是否有通过软件授权或者是硬件堆叠、级联等方式能够对系统进行扩展。主要是考虑系统在未来 3～5 年内是否有扩容的可能。

（3）最大接入带宽

最大接入带宽指 NVR 可接入的最大带宽的数据（如 32Mbps，64Mbps 等），需要大于接入的所有 IPC 的码流之和，即：

NVR 最大接入带宽 ≥（IPC 主码流+子码流）×路数

（4）最高视频分辨率

最高视频分辨率指 NVR 支持接入 IPC 的最高分辨率，如 1920×1080（1080P，200万像素）。分辨率越高，画面越清晰。

（5）存储盘位及容量

存储盘位指 NVR 可接硬盘（SATA 接口）数量，一般有单盘位、双盘位等，高端的 NVR 还有扩展柜。

存储容量指单个硬盘的存储容量，如 2TB、4TB 等。

存储盘位及容量直接影响 NVR 的存储周期（即录制时间），XTB 硬盘在不同路数、不同分辨率下有不同的存储周期。

（6）是否支持 PoE 供电

NVR 产品是否支持标准 PoE 供电，可以为支持 PoE 供电的 IPC 供电。IPC 可以直接连接 NVR，不需要额外连接 PoE 交换机。前端 IPC 的部署只需要一根网线完成电源和数据信号的传输。

3. 大中型组网视频管理平台选型

在中型视频监控系统中，会采用集中式部署视频管理平台，将数据存储管理模块、流媒体转发模块安装在一台服务器中，大型的视频监控系统，则会分布式地将不同的模块安装在不同的服务器上。在大中型组网中，管理平台需要考虑的因素较多，主要有以下几项。

（1）稳定性要高

当整个系统搭建完成之后，剩下的就是对平台和硬件的负载承受能力、工作效率和使用寿命的考量。而就平台来说，更多的是考虑平台的稳定性，其实就是视频流畅、低延时的问题，服务器运行太慢或者死机都是不稳定的表现，这样会导致维护成本大幅升高。然而视频流畅、低延时的要求在有效的带宽条件下也会"黯然失色"。同时在如今网络面临越来越多安全威胁时，承载平台的操作系统安全性也是要关注的，嵌入式 Linux 操作系统就会比普通的 Windows 操作系统的稳定性和安全性高。

（2）要与第三方设备/系统联动

平台的整合性强调更多的是设备品牌，有限的设备品牌支持，那是谈不上整合性和兼容性的。只有获得第三方的软硬件支持，才能让系统如虎添翼。视频监控平台应该能够通过网络端口、串行端口等接口与第三方的输入/输出设备进行联动，例如警报触发、录像触发及专用的行业特别应用，等等。平台一般都应该支持最通用的协议，如 TCP/IP、HTTP 等。

（3）平台的兼容和扩展性

兼容和扩展性是选择专业平台时所要考虑的重要因素。这里平台的兼容是指能兼容市场上主流厂商的前端网络摄像机，以及 DVR、NVR 等，可以支持 ONVIF 协议、国标协议，做到标准化兼容的效果。

（4）开放性要好

IP 系统的一大特点就是开放式基础架构，扩展能力和整合能力都非常强。必须能对其他子系统具有良好的整合能力，而且对第三方插件的支持能力也不容欠缺，这在系统升级和维护方面都能起到积极的作用。一般来说，一个优秀的 VMS 系统应该可以跟市场主流的智能视频分析软件、警报系统、门禁系统、PSIM 平台，甚至能与行业专用系统，如 POS 系统等兼容，并实现无缝整合。

（5）具备多点远程集中管理

网络视频监控系统还有个优点就是能实现多点远程管理，在节点扩展应用方面更加方便。平台能对多个点的视频资源能集中管理和运用。

（6）分级分权业务管理

视频监控平台的控制在安全方面需要一定的权限，这符合系统的安全设计。视频监控系统只有实行多级管理，才能满足大型系统多个使用者的需求。

（7）友好的人机界面

操作界面友好，简洁，更人性化的人机操作界面、良好的移动客户端支持，这都是平台选择应该考虑的因素。

（8）强大的业务功能

平台拥有的业务功能要能够满足现阶段业务的需要，并且可以通过升级等手段扩展更多的新功能，满足未来业务的需要。

（9）可维护性好

平台应拥有配置、数据库备份、日志信息收集等可维护性功能，方便在出现问题时能够快速定位。同时提供平台的厂商应具备一定的实力，能够快速地提供技术支持服务。

（10）业务架构先进、具有冗余性

整个系统的业务架构先进，并且能够通过技术手段，在视频管理平台出现单点故障时不影响存储数据，或者具备系统热备份的功能。

本章小结

任何一个系统的设计都必须从需求分析开始，在确定用户的需求后，再确定要采用的架构，然后根据业务架构一步步地将每个部分进行选型设计。本章通过视频监控典型的需求介绍了最常见的 5 个主要部分的选型设计，在视频监控系统的实际应用中，还有很多系统对接的需求，由于种类太多，在本章就不展开描述了。

第8章 视频监控工程规范

主要内容

（1）项目管理；
（2）技术管理；
（3）施工管理；
（4）质量管理；
（5）系统测试与验收；
（6）弱电工程规范；
（7）系统维护与管理。

完整的视频监控系统是能够满足用户业务需求，解决用户实际安全问题的系统解决方案。方案以视频监控业务为主，融合 IP 网络、语音对讲、门禁告警、边界防护等功能，不再像早期监控仅仅是设备的简单堆叠，而是一个设计精准、实施仔细有较强逻辑的系统工程，IP 监控系统能够长期、稳定的运行。

工程规范是对视频监控工程中的各种软硬件操作进行指导，避免人为失误导致系统问题。视频监控系统的工程规范主要指的是系统的规划、安装、配置和维护作业过程中的操作准则。系统维护的任务主要是发现并避免 IP 监控系统在运行过程中出现的隐患，满足在使用过程当中用户提出的新功能要求和系统规模扩大带来的性能要求，其最终目的是维护 IP 监控系统稳定正常的运行。

8.1 项目管理基础

项目是为提供某项独特的产品、服务或成果所进行的临时的一次性努力。用有限的资源、有限的时间为特定客户完成特定目标的一次性工作。这里的资源指完成项目所需要的人、财、物；时间指项目有明确的开始和结束时间；客户指提供资金、确定需求并拥有项目成果的组织和个人；目标则是满足要求的产品、服务和成果。

视频监控工程项目管理的目标是：运用现代化的管理技术，采用系统控制的方法，将各种资源经过管理由输入转化为输出，并排除各种干扰，实施动态管理，及时发现偏差纠正偏差从而达到合同所限定的质量、工期、成本等要求，向业主提供质量优良的工程。

视频监控工程项目管理是一项难度较大的工作，它是高新技术在建筑领域应用的产物，其主要特点是：系统技术含量高、管理的对象复杂，以及综合协调要求高。因此项目管理要有一个系统的考虑与统筹安排，在时间上、空间上对各种资源进行科学的合理的综合利用，以保证项目的成功建设。

视频监控系统工程的项目管理内容包括技术管理、施工管理、质量管理、系统测试与验收等多个方面。下面简要介绍其中几个方面。

8.1.1 技术管理

技术管理贯穿整个工程施工的全过程，执行和贯彻国际、国家和地方的技术标准和规范，严格按照弱电系统工程设计的要求。在提供设备、线材规格、安装要求、对线记录、调试工艺、验收标准等一系列方面进行技术监督和行之有效的管理。需要在系统设计、设备提供和安装等环节上认真检查，对照有关的标准和规范，使整个管理处于受控状态。

1. 施工图的深化设计管理

● 图纸目录：标明图纸内容、图号和图幅。图纸的图别图号要求编号连续，暂缺的图纸在备注栏中应加以说明，新增图纸的图号也应该编号相连，保证图纸目录能够反映图纸的完整性。

● 设计说明及图例：设计说明按各子系统分别叙述。应说明设计的依据、遵循的标准、子系统功能及配置概况、子系统的施工要求、设备材料安装高度、与各专业的配合条件、施工需注意的主要事项、接地保护内容，注明图纸中有关特殊图形、图例说明，对非标设备的订货说明。

● 设备材料表：分系统列出各系统的设备材料的选型规格、数量、品牌。

● 系统图：表现系统原理图、系统主要设备配置和构成、系统设备的供电方式、系统设备分布楼层或区域、设备间管路和线缆的规格、系统逻辑及连动关系说明。对如 BA 这样的系统，还需说明所监控的机电设备的工艺流程及监控点设置、监控点的类型及供电等级、控制器的划分、相关的机电设备和电气控制箱编号等。

● 平面管线图：分层表示该层上弱电相关设备的位置、标高、安装方式、线槽和管路的规格、走向、标高和敷设方式、线缆的规格、走向，弱电井的位置及井内设备材料布置示意等。

● 室外管线图：标明室外弱电管线的敷设方式、埋设深度、线路坐标、各种管线的规格型号，与其他管线平行和交叉的坐标、标高，与进线管道的衔接位置。

● 弱电井、控制室布置图：表明弱电井内的设备、线槽、管路的布置，控制室内操作台、显示屏等的布置。明确弱电井内的电源要求，控制室内的装修要求和电源要求。

● 设备配线连接图：如 BA 系统的控制器间的连接、视频监控系统控制室内设备间的连接等。

● 电气接口图：如 BA 系统与电气控制箱的接口方式。

2. 安装工艺管理

视频监控系统工程是一个技术性很强的工作，要做好整个工程的技术管理，主要是抓各个施工阶段安装设备的技术条件和安装工艺的技术要求。现场工程技术人员要严格把关，凡是遇到与规范和设计文件不相符的情况或施工过程中做了现场修改的内容，都要记录在案，为最后的系统整体调试和开通，建立技术管理档案和数据。

3．技术文件管理

视频监控系统工程的技术文件是工程实施各阶段的依据，在工程中，技术文件主要包括各子系统的施工图纸、设计说明以及相关的技术标准和产品说明书、各子系统的调试大纲、各子系统的验收规范和集成系统的功能要求、验收标准等，这些都要进行系统的科学管理。为了能够及时地向工程管理人员提供完整的、正确的上述技术文件，必须建立技术文件收发、复制、修改、审批归档、保管、借用和保密等一系列的规章制度，实施有效的科学管理。

8.1.2　施工管理

视频监控系统工程项目的施工管理是一种综合性很强的管理工作，施工管理的关键在于它的协调和组织的作用，施工管理的主要内容为施工的组织管理、进度管理和界面协调管理。

1．施工组织管理

（1）项目部的建立

要实施对一个项目的管理，建立一个完善的组织机构是确保项目顺利进行的组织保证，因此，建立好项目部是施工准备阶段的重要工作。

项目部的机构设置必须是为了满足项目的生产功能，实现项目的总目标，应该因目标设事，因事设机构定岗位，实现精干高效原则、管理跨度和分层统一的原则、业务系统化的原则、弹性和机动的原则。在整个视频监控系统工程项目的实施过程中，项目经理下设质量控制员、进度控制员、工程协调员、安全管理员、文明施工管理员以及项目技术小组，共同构成工程管理小组。

（2）组织设计和组织管理

施工组织设计是指导施工现场全部生产活动的技术经济文件用以处理人与物、主体与辅助、工艺与设备、专业与协作、供应与消耗、生产与储存、维修与使用以及这些要素在空间布置、时间排列之间的关系。

施工组织管理就是合理安排整个视频监控系统施工期间的工程管理人员、技术人员、调试工程师和安装人员的人数和这些人员进场的时间，避免造成不必要的劳动力浪费，增加人工成本。这种管理需要密切的与施工进度相结合，分阶段组织强有力的施工队伍，保质保量地按时完成这个阶段的施工任务。

2．项目的进度管理

（1）项目进度的制定

采用工作分析结构等方法把项目范围详细划分为子系统和工作包，界定对应每一个工作包必须执行的具体活动。

项目进度的制定以网络图表的图示形式来描绘，表明为实现项目目标，各种活动之间的必要次序和相互依赖性，进行时间估计，预计完成每一项活动需花多长时间。决定每项活动需要用到哪些资源，每种资源要用到多少才能在预计的期间内完成项目。为每项活动做一个成本预算，成本依每项活动所需的资源类型和数量而定。

估算项目进度计划及预算额，以决定项目是否能在预定的时间内，在既定的资金和可利用资源的条件下完成。如无法完成，应当采取哪些调整措施以适应项目工作，如调整工作范围、活动时间估算或重新进行资源配置，直到建立起较现实的基准计划（在预算内按计划实现项目工作的进度）。

（2）项目进度的控制

在视频监控系统工程项目实施过程中，总包管理单位要定期收集项目完成情况的各类数据，再与已制定的进度计划进行比较，如果项目实施落后于进度计划，要召集相关单位，采取必要的纠正措施，并适当调整计划，以保证工程的正常进行。

8.1.3 质量管理

视频监控系统工程的质量管理主要从设计、采购、施工三个环节进行质量控制。

1. 设计过程的质量控制

设计过程的质量控制应从以下几方面入手：

● 协助业主进行需求分析和功能定位，并根据项目实际情况，实现总体设计、分步实施。

● 按照国家的有关标准和规范，使视频监控系统的设计方案具备可行性、先进性、可扩展性。

● 根据功能需求和设计方案，选择适宜的产品及设备。

● 在设计质量控制中抓好设计方案制定、产品性能测试、设计方案评审、设计变更控制、设计的复查鉴定和图纸的确认、校核。

2. 采购过程的质量控制

采购过程质量控制的重要环节是到货检验。验收时应注意：

● 产品、设备的包装、封条是否完好无损。

● 根据货单清点产品数量，与合同附件的设备清单进行核对。

● 核对产品产地、厂商、型号、规格等，进行全部查验或部分抽查。

● 核查质量保证书、产品合格证、保修单及其他相关文件：进口产品还需核查进关单及完税证明等。

● 必要时，对某些产品进行性能和技术指标测试。

3. 施工过程的质量控制

视频监控系统工程的实施与建筑工程的土建、安装、配套工程、装潢等其他系统的实施交叉进行，工程界面十分复杂，一旦施工质量发生问题，不但工程质量难以保证，对整个建筑项目的进度也会产生影响。施工过程的质量控制主要包括以下几个方面：

● 在施工阶段认真做好施工记录，若发现问题，必须写明所采取的措施以及最终效果。

● 每次协调会应有会议纪要，并分发给有关各方。

● 在项目实施过程中，根据设计计划和项目策划，对子系统和系统进行阶段性的测试和验收，发现问题应召集有关方面分析解决，否则不得转入下一阶段。

● 在试运行阶段认真做好试运行记录。

● 在整个项目实施过程中，应注意收集由分承包方提供的各种有效的证明产品质量的文件和质量记录。

● 在项目实施过程中若需变更，则应填写工程变更单（由双方签署），且将更改内容

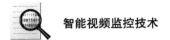

以书面形式传递到有关人员。

- 设备安装、系统或分系统测试，均应按计划和规范进行，且应责成分承包方到现场配合。
- 在项目实施过程中发现的不合格品（项），现场人员应对其进行标志和隔离，填写不合格品记录单，并及时报告子系统负责人，由子系统负责人提出处理意见并及时解决，对重大不合格品（项），应由子系统负责人报项目经理。

8.1.4 系统测试与验收

1. 测试验收流程

测试验收是检验视频监控系统工程施工质量的关键环节，通过测试验收来判断工程是否达到最初的设计要求，是否满足用户的需求。视频监控系统的测试验收所涉及的子系统比较多，通常采用分系统分别进行测试验收的方法。

2. 制定测试验收计划

对于视频监控系统的测试验收，应编制详尽的测试验收计划。测试验收计划主要包括以下几方面的内容：

- 测试级别（是单元测试、子系统测试、系统测试还是验收测试）。
- 测试目的和范围。
- 测试规程和验收标准。
- 测试方法和测试要求。
- 测试环境。
- 测试工具。
- 测试人员的安排（包括是否由第三方测试）。
- 测试顺序和测试内容。

3. 竣工验收

视频监控系统投入使用后，通过试运行，即可组织工程竣工验收。结合视频监控系统的复杂性特点，竣工验收可以分系统单独进行，在准备竣工验收前必须办理好下列有关工程资料：

- 子系统和系统竣工文档（包括说明书、功能介绍、操作说明、设备清单、内部接线图、竣工图、竣工监测报告）。
- 子系统测试报告。
- 子系统试运行报告。
- 子系统验收报告。
- 系统测试报告。
- 系统试运行报告。
- 系统竣工报告书。
- 系统设备清单。
- 主要材料设备的产品合格证/质报书/测试报告。
- 隐蔽工程验收单。
- 验收报告。

8.2 弱电工程法规

弱电工程施工设计的相关依据和法规如下：

- ××××弱电设计图纸和招标文件。
- 《智能建筑设计标准》 GB/T 50314—2000。
- 《民用建筑电气设计规范》 JGJ/T 16—1992。
- 《民用建筑电气设计规范条文说明》 JGJ/T 16—1992。
- 《民用建筑电气设计规范详解手册》 JGJ/T 16—1992。
- 《建筑与建筑群综合布线系统工程设计规范》 GB/T 50311—2000。
- 《建筑与建筑群综合布线系统工程验收规范》 GB/T 50312—2000。
- 《建筑与建筑群综合布线系统工程设计规范》修订本 CECS 72：97。
- 《工业企业通信设计规范》 GBJ42—1981。
- 《商业建筑电讯布线系统标准.第 1 部分；通用要求》 ANSI/TIA/EIA-568-B.1—2001.4。
- 《商业建筑电讯布线系统标准.第 3 部分；光纤布线部件标准》 ANSI/TIA/EIA-568-B.1—2000.3。
- 《商业建筑电讯通道及空间标准》 TIA/EIA-569-A。
- 《商业建筑电讯基础结构管理标准》 TIA/EIA-606-A—2001。
- 《电气装置安装工程低压电器施工及验收规范》 GB 50254—1996。
- 《电气装置安装工程 1kV 及以下工程施工及验收规范》 GB 50258—1996。
- 《电气装置安装工程科研照明装置施工及验收规范》 GB 50259—1996。
- 《通风与空调工程施工及验收规范》 GB 50243—1997。
- 《电气装置安装工程蓄电池施工及验收规范》 GB 50172—1992。
- 《建筑装饰工程施工及验收规范》 JGJ 73—1991。
- 《建筑物防雷设计规范》 GB 50057—1994。
- 《火灾自动报警系统设计规范》 GB 50116—1998。
- 《高层民用建筑设计防火规范》 GB 50045—1995。
- 《有线电视系统工程技术规范》 GB 50200—1994。
- 《工业企业共用天线电视系统设计规范》 BGJ120—1988。
- 《卫星广播电视地球站设计规范》 GYJ41—1989。
- 《工业企业共用天线电视系统设计规范》 BGJ120—1988。
- 《有线电视广播技术规范》 GB/T106—1992。
- 《30MHz-1GHz 电视和声音信号的电缆分配系统》 GB/T6510—1996。
- 《广播电视工程建筑设计防火标准》 GYJ33—1988。
- 《民用闭路监视电视系统工程技术规范》 GB 50198—1994。
- 《安全防范工程程序与要求》 GA/T 75—1994。
- 《电子计算机机房设计规范》 GB 50174—1993。
- 《低压配电装置及线路设计规范》 GB J54—1983。

- 《供配电系统设计规范》 GB 50052—1995。
- 《计算机场地技术条件》 GB 2887—1989。
- 《计算机场地安全要求》 GB 9361—1988。
- 建设领域计算机软件工程技术规范 JGJ-/T90—1992。
- 综合布线 EIA/TIA568、569、606、607、TSB72 等标准。
- 电脑网络 IEEE802.3、IEEE802.3z、IEEE802.5、ANSIFDDI、TPDDI、FDDI、
ATM 等标准。
- 地方有关规定。
- 相关行业标准。

8.3 工程规范原则

工程规范是在工程建设过程中，对设计、施工、制造、检验等技术事项所做的一系列规定。在视频监控系统的实施过程中，尤其是摄像机的实施，涉及线缆的铺设等，需要严格按照工程规范来实施，才能保障系统长时间的稳定运行。

8.3.1 管道材料选择和施工要求

1. 水平子系统

水平子系统的走线管道由两部分构成：一部分是每层楼内放置水平传输介质的总线槽，另一部分是将传输介质引向各房间信息接口的分线管或线槽。从总线槽到分线槽或线管需要有过渡连接。

总线槽要求宽度与高度的比例为 3 : 1，在线槽中放置的双绞线应不超过三层。在线槽中放置的双绞线密度过大会影响底层双绞线的传输性能。

水平线槽一般有多处转弯，在转弯处应留有足够大的空间以保证双绞线有充分的弯曲半径。根据 EIA/TIA569 标准，超五类 4 对非屏蔽双绞线的弯曲半径应不小于线径的 8 倍。最新的标准认为，弯曲半径大于线径的 4 倍已可以满足传输要求了。但有一点是很重要的，即保持足够大的弯曲半径可以保证系统的传输性能。

在水平线槽的转弯处，应有垫衬以减小拉线时的摩擦力。

水平子系统线槽或线管应采用镀锌铁槽或铁管。

双绞线和光纤对安装有不同的要求，双绞线垂直放置于竖井之内，由于自身的重量牵拉，日久之后会使双绞线的绞合发生一定程度的改变，这种改变对传输语音的三类线来说影响不是太大，但对需要传输高速数据的超五类线，这个问题是不能被忽略的，因此设计垂直竖井内的线槽时应仔细考虑双绞线的固定。

（1）缆线的敷设要求

缆线应按下列要求敷设：

- 缆线的型式、规格应与设计规定相符。
- 缆线的布放应自然平直，不得产生扭绞、打圈接头等现象，不应受外力的挤压和损伤。
- 缆线两端应贴有标签，应标明编号，标签书写应清晰、端正和正确。标签应选用

不易损坏的材料。

- 缆线终端连接应有余量。交接间、设备间对绞电缆预留长度宜为 0.5～1.0m，工作区为 10～30mm；光缆布放时预留长度宜为 3～5m，有特殊要求的应按设计要求预留长度。

（2）缆线的弯曲半径设计

缆线的弯曲半径应符合下列规定：

- 非屏蔽 4 对对绞线电缆的弯曲半径应至少为电缆外径的 4 倍。
- 屏蔽 4 对对绞线电缆的弯曲半径应至少为电缆外径的 6～10 倍。
- 主干对绞线电缆的弯曲半径应至少为电缆外径的 10 倍。
- 光缆的弯曲半径应至少为光缆外径的 15 倍。

电源线、综合布线系统缆线应分隔布放，缆线间的最小净距应符合设计要求。

在暗管或线槽中缆线敷设完毕后，宜在信道两端出口处用填充材料进行封堵。

（3）预埋线槽和暗管敷设缆线设计

预埋线槽和暗管敷设缆线应符合下列规定：

- 敷设线槽的两端宜用标志表示出编号和长度等内容。
- 敷设暗管宜采用钢管或阻燃硬质 PVC 管。布放多层屏蔽电缆、扁平缆线和大对数主干光缆时，直线管道的管径利用率为 50%～60%，弯管道应为 40%～50%。暗管布放 4 对对绞电缆或 4 芯以下光缆时，管道的截面利用率应为 25%～30%。预埋线槽宜采用金属线槽，线槽的截面利用率不应超过 50%。

（4）设置电缆桥架和线槽敷设缆线设计

设置电缆桥架和线槽敷设缆线应符合下列规定：

- 电缆线槽、桥架宜高出地面 2.2m 以上。线槽和桥架顶部距楼板不宜小于 30mm；在过梁或其他障碍物处，不宜小于 50 mm。
- 槽内缆线布放应顺直，尽量不交叉，在缆线进出线槽部位、转弯处应绑扎固定，其水平部分缆线可以不绑扎。垂直线槽布放缆线应每间隔 1.5m 固定在缆线支架上。
- 电缆桥架内缆线垂直敷设时，在缆线的上端和每间隔 1.5m 处应固定在桥架的支架上；水平敷设时，在缆线的首、尾、转弯及每间隔 5～10m 处进行固定。
- 在水平、垂直桥架和垂直线槽中敷设缆线时，应对缆线进行绑扎。对绞电缆、光缆及其他信号电缆应根据缆线的类别、数量、缆径、缆线芯数分束绑扎。绑扎间距不宜大于 1.5m，间距应均匀，松紧适度。
- 楼内光缆宜在金属线槽中敷设，在桥架敷设时应在绑扎固定段加装垫套。
- 采用吊顶支撑柱作为线槽在顶棚内敷设缆线时，每根支撑柱所辖范围内的缆线可以不设置线槽进行布放，但应分束绑扎，缆线护套应阻燃，缆线选用应符合设计要求。
- 建筑群子系统采用架空、管道、直埋、墙壁及暗管敷设电、光缆的施工技术要求应按照本地网通信线路工程验收的相关规定执行。

（5）预埋暗管保护设计

- 预埋在墙体中间的最大管径不宜超过 50mm，楼板中暗管的最大管径不宜超过 25mm。
- 直线布管每 30m 处应设置过线盒装置。

- 暗管的转弯角度应大于 90°，在路径上每根暗管的转弯角度不得多于 2 个，并不应有 S 弯出现，有弯头的管段长度超过 20m 时，应设置管线过线盒装置；在有 2 个弯时，不超过 15m 应设置过线盒。
- 暗管转弯的曲率半径不应小于该管外径的 6 倍，如暗管外径大于 50mm 时，不应小于 10 倍。
- 暗管管口应光滑，并加有护口保护，管口伸出部位宜为 25～50mm。

（6）网络地板缆线敷设保护设计

网络地板缆线敷设保护要求如下：

- 线槽盖板应可开启。
- 主线槽的宽度由网络地板盖板的宽度而定，一般在 200mm 左右，支线槽宽不宜小于 70mm。
- 地板块应抗压、抗冲击和阻燃。
- 塑料线槽槽底固定点间距一般宜为 1m。
- 铺设活动地板敷设缆线时，活动地板内净空应为 150～300mm。
- 采用公用立柱作为顶棚支撑柱时，可在立柱中布放缆线。立柱支撑点宜避开沟槽和线槽位置，支撑应牢固。立柱中电力线和综合布线缆线合一布放时，中间应有金属板隔开，间距应符合设计要求。

（7）干线子系统缆线敷设保护方式设计

干线子系统缆线敷设保护方式应符合下列要求：

- 缆线不得布放在电梯或供水、供汽、供暖管道竖井中，也不应布放在强电竖井中。
- 干线通道间应沟通。

2. 主干子系统

主干子系统用于大楼之间的传输，一般采用多对数双绞线或多模光纤，光纤有极强的抗干扰能力，所以安装后不会发生如双绞线那样的问题，但光纤本身较为脆弱，强力牵拉或弯折会使纤芯折断，因此安装时应让有经验的工程师在现场指导。

光纤的架设可以采用架空、直埋、管道等方法，直埋时应在光纤经过的地方做警告标志，以防以后的施工破坏。

由于光纤的纤芯是用石英玻璃制成的极易弄断，所以在施工时绝对不允许超过允许的最小弯曲半径，捆扎时至少为光纤外径的 10 倍；拉线时至少为光纤外径的 15 倍。其次，光纤的抗拉强度比铜缆小，因此在施工时，决不允许超过抗拉强度（46N）。

光纤配线架分挂墙式、机架式两种，根据端接光纤数目可分为 24 口、48 口、72 口三种，配线架上有适配板，用来安装耦合器。

光纤进入配线架前要适当地进行捆扎，进入配线架之后要预留有一定备用线缆，以方便安装、维护。备用的线缆应盘在光纤配线架的卷轴上。

3. 管理区子系统

管理区子系统是工程施工中最复杂的部分。这部分施工应充分考虑环境影响和端接工艺的影响。

电磁辐射是考虑管理区子系统安装环境的主要因素。电磁辐射的影响主要来自两个方面：一是环境对系统传输的影响，二是系统在信息传输过程中对环境设备的影响。在建筑物内，环境对系统传输的影响主要来自强电磁辐射源，如电台、建筑物内的电梯、马达、UPS 电源等。如果环境中这些干扰源的影响较大，应考虑采取屏蔽措施，或选择距离较远的位置。

布线系统的端接工艺是直接影响系统性能的重要因素。连接配件的安装工艺主要影响布线系统的近端串扰和衰减，而这两个参数是判断系统性能的重要依据。在管理区子系统还要考虑环境的通风、照明、酸碱度、湿度等条件，这些因素将对端接配件造成腐蚀和老化，日久之后会影响系统的性能。管理区子系统内的安全性也要加以考虑，端接配件最好安装在布线机柜或墙柜内。

4. 工作区子系统

工作区子系统在施工时要考虑的因素较多，因为不同的房间环境要求不同的信息墙座与其配合。在施工设计时，应尽可能考虑用户对室内布局的需要，同时又要考虑从信息墙座连接应用设备（如计算机，电话等）方便和安全。

墙上安装型信息墙座一般考虑嵌入式安装。在国内采用的是标准的 86 型墙盒，该墙盒为正方形，规格 80mm×80mm，螺丝孔间距 60 mm。信息墙盒与电源墙座的间距应大于 20cm。

桌上型墙座应考虑和家具、办公桌协调，同时应考虑安装位置的安全性。信息墙盒与电源墙座的间距应大于 20cm。

抬高式地板安装在预制的地板盒内，盒内可以安装信息墙座和电源墙座。

信息墙座接头的端接安装必须由专业工程师完成。与管理区子系统的端接一样，它的安装工艺对系统的性能有直接的影响。

8.3.2　施工过程要求

施工过程由三个方面完成：管道安装、拉线安装和配件端接。

1. 管道安装

由具有电信部门二级通信工程安装资格的工程队完成，工艺质量满足国家电信部门有关的施工规范和 EIA/TIA569 标准。布线桥架的焊接，线槽的过渡连接满足国家电工标准中对强电安装的工艺和安全要求。

2. 拉线安装

开放式布线系统对拉线施工的技能要求较其他布线高得多，这主要是由传输介质的特点决定的。在开放式布线系统中，采用的传输介质一般有两种类型，一类为双绞线，另一类为光纤，它们的材料构成和传输特征虽然不同，但在拉线时都要求轻拉轻放，不规范的施工操作有可能导致传输性能的降低，甚至线缆损伤。

在施工中经常可以看到下列情况：

● 双绞线外包覆皮起皱或撕裂，这是由于拉力过大和线槽的转角，过渡连接不符合要求造成的。

● 双绞线外包覆皮光滑，看不出问题，但用仪表测量时发现传输性能达不到要求，这是由于拉线时拉力过大，使双绞线的长度拉长，绞合拉直造成的。这种情况用于语音和 10Mbps 以下的数据传输时，影响也许不太大，但用于高速数据传输时则会产生严重

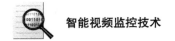

的问题。

- 光纤没有光信号通过，这是由于拉线时操作不当，线缆严重弯折使纤芯断裂造成的。这种情况常见于光纤布线的弯折之处。

为了避免施工中出现上述问题，在 ISO/IEC11801 标准 EIA/TIA569 标准中规定：双绞线（尤其是超五类双绞线）拉线时的拉力不能超过 13 磅（约 20kgf，1kgf≈9.8N）。光纤的拉力不能超过 5 磅（约 8 kgf）。

为了保证施工的质量，规定：

- 拉线时每段线的长度不超过 20m，超过部分必须有人接送。
- 在线路转弯处必须有人接送。

3．配件端接

配件端接的工艺水平将直接影响布线系统的性能。公司对其严格把关，所有的端接操作都将由专业工程师完成。

8.3.3　施工工艺技术要求

（1）严格按图纸施工，在保证系统功能质量的前提下，提高工艺标准要求，确保施工质量。

（2）预埋（留）位置准确、无遗漏。

（3）管路两端设备处的导线应根据实际情况留有足够的冗余。导线两端应按照图纸提供的线号用标签进行标志，根据线色来进行端子接线，并应在图纸上进行标志，作为施工资料进行存档。

（4）设备安装牢固、美观、预装设备、竖成列，墙装设备端正一致，资料整理正规完整无遗漏，各种现场变更手续齐全有效。

（5）在布线系统中，大多信号都是电流信号或数字信号，故对电缆（线）的敷设工作应注意以下几点：

- 电缆敷设必须设专人指挥，在敷设前向全体施工人员交底，说明敷设电缆的根数，始末端的编号，工艺要求及安全注意事项。
- 敷设电缆前要准备标志牌，标明电缆的编号、型号、规格、图位号、起始地点。
- 在敷设电缆之前，先检查所有槽、管是否已经完成并符合要求，路由与拟安装信息口的位置是否与设计相符，确定有无遗漏。
- 检查预埋管是否畅通，管内带丝是否到位，若没有应先处理好。
- 放线前对管路进行检查，穿线前应进行管路清扫、打磨管口。清除管内杂物及积水，有条件时应使用 0.25MPa 压缩空气吹入滑石粉风保证穿线质量。所有金属线槽盖板、护边均应打磨，不留毛刺，以免划伤电缆。
- 核对电缆的规格和型号。
- 在管内穿线时，要避免电缆受到过度拉引，每米的拉力不能超过 7 千克力（1 千克力≈9.8N）以便保护线对绞距。
- 布放线缆时，线缆不能放成死角或打结，以保证线缆的性能良好，水平线槽中敷设电缆时，电缆应顺直，尽量避免交叉。

- 做好放线保护，不能伤及保护套和踩踏线缆。
- 对于有安装天花板的区域，所有的水平线缆敷设工作必须在天花板施工前完成；所有线缆不应外露。
- 留线长度：楼层配线间、设备间端留长度（从线槽到地面再返上）铜缆 3～5m，光缆 7～9m，信息出口端预留长度 0.4m。
- 线缆敷设时，两端应做好标记，线缆标记应清楚，在一根线缆的两端必须有一致的标志，线标应清晰可读。标线号时要求以左手拿线头，线尾向右，以便于以后线号的确认。
- 垂直线缆的布放：穿线宜自上而下进行，在放线时线缆要求平行摆放，不能相互绞缠、交叉，不得使线缆放成死弯或打结。
- 光缆应尽量避免重物挤压。
- 绑扎：施工穿线时做好临时绑扎，避免垂直拉紧后再绑扎，以减少重力下垂对线缆性能的影响。主干线穿完后进行整体绑扎，要求绑扎间距≤1.5m。光缆应时行单独绑扎。绑扎时如有弯曲应满足不小于 10cm 的弯曲半径。
- 安装在地下的同轴电缆须有屏蔽铝箔片以阻隔潮气。
- 同轴电缆在安装时要进行必要的检查，不可有损伤屏蔽层。
- 安装电缆时要注意确保各电缆的温度要高于 5℃。
- 填写好放线记录表：记录中主干铜缆或光纤给定的编号应明确楼层号、序号。
- 电缆敷设完毕后，两端必须留有足够的长度，各拐弯处、直线段应整理后得到指挥人员的确认符合设计要求方可掐断。
- 线槽内线缆布放完毕后应盖好槽盖，满足防火、防潮、防鼠害之要求。

（6）机柜（箱）内接线。

- 按设计安装图进行机架、机柜安装，安装螺丝必须拧紧。
- 机架、机柜安装应与进线位置对准；安装时，应调整好水平、垂直度，偏差不应大于 3mm。
- 按供货商提供的安装图、设计布置图进行配线架安装。
- 机架、机柜、配线架的金属基座都应做好接地连接。
- 核对电缆编号无误。
- 端接前，机柜内线缆应做好绑扎，绑扎要整齐美观，应留有 1m 左右的移动余量。
- 剥除电缆护套时应采用专用剥线器，不得剥伤绝缘层，电缆中间不得产生断接现象。
- 端接前须准备好配线架端接表，电缆端接依照端接表进行。
- 来自现场进入机柜（箱）内的电缆首先要进行校验编号。
- 来自现场进入机柜（箱）内的电缆要进行固定。
- 来自现场进入机柜（箱）内的电缆，应留有一定的余量。
- 来自现场进入机柜（箱）内的电缆一般不容许有接头。
- 来自现场进入机柜（箱）内的电缆应尽量避免相互交叉。
- 按图施工接线正确，连接牢固接触良好，配线整齐、美观、标牌清晰。

- 选用同一区段的电缆跳线颜色要尽可能统一，便于安装调试和日常维护。

（7）接地要求。具体要求如下：

- 桥架接地方法，应用不小于 2.5mm 的铜塑线与主体钢筋接地。
- 各机柜、机箱接地电阻不大于 1Ω。
- 机房设备采取两种独立的接地方式，即工作接地和联合接地。工作接地电阻不大于 4Ω，联合接地电阻不大于 1Ω。

（8）调试阶段应注意以下事项：

- 严禁不经检查立即上电。
- 严格按照图纸、资料检查各分项工程的设备安装、线路敷设是否与图纸相符。
- 逐个检查各网络设备、PBX 设备、信息点位的安装情况和接线情况，如有不合格填写质量反馈单，并做好相应的记录。
- 各设备、点位检查无误完毕后，对各设备点位逐个通电实验。
- 通电实验无误后，方可进行系统调试，并做好记录。

8.4 系统维护原则

视频监控系统需要 7×24 小时稳定运行，如同汽车一样需要定期保养。常见的摄像机若出现故障，系统的使用人员会通过实况无图像而觉察到问题，但是如果硬盘发生故障，若使用人员没有关注到告警信息，就有可能在出现案件调取录像时，发现重要的视频数据没有被记录。所以科学地制定维护方案是保障系统长时间稳定运行的必要手段。

日常维护是系统维护工作中最频繁，也是最基础的部分。日常维护要求客户维护人员按照既定的维护模板和方法，对监控系统的运行状态进行简单的检查。

1. 巡检时间分类

根据巡检时间可以分为以下三类。

（1）每周检查

检查 IP 监控系统业务运行情况，如实况点播、查询回放、数据存储等是否正常可用，并记录在案，如果有问题及时联系相关技术人员。

（2）每季检查

检查 IP 监控系统管理平台设备，如 VM 视频管理服务器、DM 数据管理服务器、MS 媒体交换服务器等参数是否正常。

（3）每年检查

检查 IP 监控系统设备所处环境，特别是室外终端设备的接地、防雷等是否完好，检查 UPS 不间断电源是否工作正常，如有问题及时修正。

2. IP 视频监控系统升级

除了例行的检查外，还需要留意设备软件版本的升级。设备软件版本升级的目的是解决系统运行过程当发现的隐患和故障，保证系统长时间正常稳定的运行。因此设备升级时需要严格的遵循升级操作规范和步骤，防止人为失误造成故障。

IP 视频监控系统升级流程如下。

（1）检查软件版本

升级前按照版本配套表核对版本软件是否正确。

（2）阅读升级说明

升级前仔细阅读随软件附带的版本说明书，明确升级方法和升级注意事项。

（3）检查升级环境

准备升级前要复查升级环境，如网络连接、设备电源是否稳定，避免升级过程中出现断电或断网而导致升级失败。

（4）数据配置备份

升级过程中最重要也是必需的步骤就是数据和配置的备份。升级前进行异地备份系统的数据和配置，如在升级过程中发生意外通过备份可以快速地恢复系统环境。

（5）软件版本升级

在完成上述操作后请按相应方法升级设备软件版本，升级完成后请检查系统各项业务是否正常可用。

3．视频监控系统故障表现形式

在日常使用过程中，发现了故障，按照视频监控系统故障的表现形式可以将系统中发生的故障分为 5 大类。

（1）图像类故障

在监控系统开局、运行、维护过程中出现的与图像质量有关的问题皆属于图像类问题。图像类问题包括但不限于以下类型：图像停顿、图像马赛克、图像拖影、图像串流、图像条纹、图像锯齿、图像延迟、无法接收图像、图像模糊。

（2）平台类故障

在监控产品开局、运行、维护过程中出现的涉及故障主体是监控系统平台设备的问题皆属于平台类故障。平台类问题包括但不限于以下类型：VM8500 故障、DM8500 故障、MS8500 故障、ISC3000-E 故障、Web 客户端故障。

（3）终端类故障

在监控产品开局、运行、维护过程中出现的故障主体为编解码器的问题。编/解码器故障涉及设备包括 EC、DC、IP Camera。

（4）存储类故障

在监控产品开局、运行、维护过程中出现的与存储有关的问题皆属于存储类问题。存储类问题包括但不限于以下类型：制定存储计划失败、查询录像失败、回放录像失败、未按计划存储、存储设备故障、阵列退化等。

（5）云台类故障

在监控产品开局、运行、维护过程中出现的云台类的问题。云台故障涉及设备包括：云台完全不可控制、云台部分不可控制、云台控制错乱。

4．故障处理流程

常见的故障处理流程如下。

（1）故障发现

在 IP 监控系统中发现使用或运行故障。

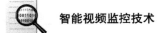
（2）检查配置

检查是否因为配置原因导致系统故障的。

（3）故障分类排查

如未发现错误配置请按照故障分类及其排查方法进行排查。

（4）求助

通过上述方法均未能解决故障，则请按要求收集相关信息，同时联系相关技术人员、工程师。办事处工程师均是求助的对象。

本章小结

本章介绍了视频监控规范，重点从技术管理、施工管理、质量管理、测试与验收四个方面阐述，若要高质量交付视频监控系统，并保证系统长期稳定运行，必须严格遵循工程实施规范，无论是选材还是施工。在系统交付客户后，科学制定维护方案并按要求执行是保障视频监控系统长期稳定运行的关键，这也是容易被忽略的地方。

第9章　视频监控的行业应用

主要内容

....

（1）平安城市应用；

（2）智能楼宇应用；

（3）大型园区应用；

（4）广域互联应用。

随着视频技术的发展，尤其是高清晰度网络摄像机的普及，视频监控在各行各业得到了广泛的应用，比较典型的行业应用如平安城市、智能楼宇、大型园区、高速公路铁路、广域区域互联等。完整的一套视频监控系统包含"看、控、存、管、用"五个组成部分，当视频数据被采集后，得到的是一种非结构化的数据，不能直接被计算机进行分析或处理，现在更多地采用智能分析技术将非结构化的视频数据转换成计算机能够识别和处理的结构化信息，将视频中包含的运动目标及其特征提取出来转化为文字描述，再通过相应的算法，对这些数据进行搜索、比对、分析，这类数据的价值已不仅限于安防应用。

9.1　平安城市

平安城市概念从 2002 年提出来后，作为一个特大型、综合性强的管理系统，不仅要满足治安、城市、交通管理及应急指挥等需求，还要兼顾灾难事故预警、安全生产监控等方面对图像监控的需求。在这些功能应用中，视频监控作为可视化的探测设备，在平安城市的运行过程中成为解决具体业务的关键科技手段，并且伴随着业务应用的多样化，以及社会普及率的提高，视频监控行业也迎来了大发展。

平安城市的建设，最早在北京宣武区（现已合并至西城区）、山东济南、浙江杭州和江苏苏州四个城市开始做试点。2004 年 6 月，为了全面推进科技强警战略的实施，公安部、科技部在北京、上海、廊坊、大连、南京、苏州、南通、杭州、宁波、温州、台州、芜湖、福州、青岛、淄博、威海、郑州、广州、深圳、佛山、成都等 21 个城市启动了第一批科技强警示范城市创建工作。2005 年 8 月，为了以点带面，公安部进一步提出了建设"3111 试点工程"，选择 22 个省，在省、市、县三级开展报警与监控系统建设试点工程，即每个省确定一个市，有条件的市确定一个县，有条件的县确定一个社区或街区为报警与监控系统建设的试点。此举有力地推动了平安城市的建设步伐。

"3111 工程"是一个非常大的、非常复杂的系统工程，可以将它定义为巨复杂系统。首先是投资很大，通常一个大中城市建设都需要上亿元甚至几个亿元资金；第二个来说技术要求非常高，上万台、几十万台的摄像机联网并不容易，还要做到资源共享；

第三就是涉及的用户很多，所有的单位，无论是党政机关、企业系统全部都要联进来，另外因为有新建的系统，也有已有的系统，要进行互联、互控，难度很大；第四是可靠，不能经常出问题宕机影响使用；第五，该系统应该根据需要可以做裁减，可以扩展，也可以删除。

城市监控系统组网的主要障碍是设备兼容性存在很大的差异，安防系统集成没有一个开放的标准系统平台，各类子系统厂商都有针对自己产品开发的软件管理平台，这样的系统平台，不能算得上真正的开放式平台，系统集成的意义在于，各独立的子系统之间深层次的数据共享。真正的监控系统开放式的系统平台应该是一个，能够兼容不同厂商的设备，不同的设备协议，不同的技术，不同的设备都可以纳入这个平台上来运行，系统的扩容扩展功能要强大，系统的信息管理必须高度一致。

9.1.1 平安城市管理系统设计原则

科学规划通信网络，整合社会技防资源，构建城市统一的远程视频监控报警综合信息服务平台，实现视频监控报警信息的充分共享，为应急系统提供可视化图像资源，是管理系统建设的目标和任务。以需求为导向，以应用为核心，坚持需求与应用相一致，规划与标准相一致，实用性与先进性相一致，科技创新与持续发展相一致的设计思想。

1. 统一标准，规范设计

平安城市管理系统一般采用开放式架构，支持持续发展的技术路线；支持数字视频技术、人工智能技术能够平滑融入已经建设完毕的系统；选用标准化接口和协议，并应具有良好的可扩展性。系统建设将遵循有关标准与规范，并有一定的技术前瞻性。应充分考虑和利用现有的报警监控资源、传输资源，在整合基础上实现系统互联、资源整合、信息共享。必须使用统一的国际/国家技术标准，彻底解决不同技术标准的系统不能互联、互通的问题。系统选用的技术和设备以满足需求、注重实用为基本原则，构建的系统将与工作紧密结合。

2. 统一建设，信息共享

平安城市管理系统是基于城市 IP 城域网独立构建的网络，是可视化管理的共享网络，是应急联动体系的基础工程。在发生突发和重大事件时，可以通过管理平台将所有与事件相关的视频信息全部纳入应急站点，各相关部门可作为客户端接入网络共享视频信息。

3. 确保安全，运行稳定

平安城市管理系统能满足可靠性要求，能够长时间不间断运行。对关键的数据、接口和设备采取冗余设计，具有故障检测、故障服务、系统自愈合、系统恢复以及系统健康状态检查等功能。通过公网传输的数据必须用 VPN 隧道技术对传输通道进行加密。使用用户身份认证以及访问控制技术等多种技术对用户的各种操作和涉密文件的存取实行认证和限制，以保证系统的安全。以光纤方式接入的摄像机可以采取前端视频分配的方式，接入指挥中心视频矩阵并采用网络视频编码技术"按需"接入信息网。同时将分配出来的视频信号经视频编码接入视频监控报警服务平台，确保自建的视频监控信号既能与信息网实现联通，又能通过平台管理实现视频信息的充分共享。

4. 加强管理，突出实效

平安城市管理系统将为实现快速反应、协同作战提供技术支撑。利用这个系统，可以形成打、防、控、管和服务社会的一体化网络体系，进而提高在第一时间获取情报信息、第一时间采取防范措施、第一时间有效控制局势、第一时间实现精确打击的能力。平安城市可以通过市场化运作开展建设，专业化维护保障运行，制度化管理提升运行质量。

9.1.2　平安城市一般架构

平安城市的架构可以分为 5 层，分别是用户层、表现层、应用层、服务层和数据层，如图 9-1 所示。

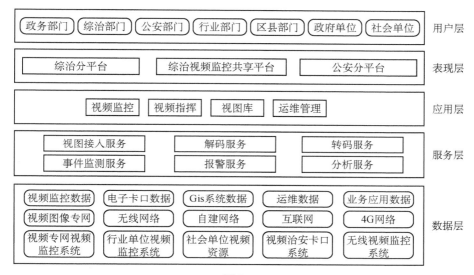

图 9-1

用户层：提供平安城市管理系统的具体需求，这是平安城市建设的驱动力。

数据层：从网络设备、安全设备、主机系统等数据来源采集各种安全信息。

服务层：将采集到的原始数据实现格式标准化，进行关联分析处理，根据策略进行数据归并和压缩后，存储到统一数据库中。

应用层：从数据库中提取信息，按照策略完成数据的过滤、条件分析，为展示平台提供数据支持，同时还是展示平台进行资源配置的接口。

表现层：实现安全运维平台的统一界面展示。通过统一的图形化管理界面，安全运维平台实现了运维监控、态势分析、配置维护的全部功能。

9.1.3　平安城市建设需求

现在平安城市建设已经融入为智慧城市建设的一部分。一个地区的视频监控建设，政府基本会以智慧城市的名义把建设权放到市政府，并和多个使用部门，比如公安、交警、城管等的视频监控系统建设需求，进行全市统一建设，按需分配资源。主要的业务部门需求有以下几个。

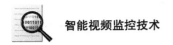

1. 公安局的需求

作为平安城市管理系统最重要的使用者,公安部门主要承担治安管理,常见的需求有如下几点:

(1)公共场合的安全监控。

(2)应急指挥调度的需求,能够实现远程实时指挥,并随时掌握突发案件的现场情况。

(3)完善整个城市的治安视频监控系统,构筑无处不在的视频监控网络。

(4)改善公安部门执勤IT系统,实现移动电子警务。

(5)建立情报研判系统,为公安行政执法和应急事件处理提供有效的决策建议和行动指南。

2. 交管局的需求

作为交通执法单位,常见的需求有如下几点:

(1)交通道路状况的动态监控需求,运营车辆的交通管理需求。

(2)交通违法非现场执法需求。

(3)应急处理,包括客运车辆、危险品车辆发生紧急事故时的应急指挥和快速裁决需求,通过图像、视频掌握现场情况,进行异地实时裁决。

3. 城管局的需求

城管局常见的需求有以下几点:

(1)在乱摆乱卖、占道经营等城市管理的执法过程中,出现纠纷时的证据采集需求。

(2)市政事故方面的应急处理需求,包括高危桥梁的检测及预警,下水道井盖丢失、被盗的实时监控需求。

(3)铺路、建桥等市政建设中的安全监控需求。

建设平安城市时最应该关注的是跨部门业务的应用,以及视频监控数据的自动结构化处理、数据自动分析上。

9.1.4 平安城市建设案例

××平安工程系统,包含覆盖全市范围的视频监控系统、市县道路智能治安卡口系统、主干道路电子警察系统建设,同时还须整合其他系统的数据,因此,在系统设计与建设中坚持以"一套系统、一套标准、两类管控、三网三平台、三条线索、三级应用、四库建设"的设计理念打造一个统一融合的城市监控系统。

"一套系统"是建设一个融合视频监控、卡口和电子警察的立体化防控系统;"一套标准"是建立一套立体防控建设的标准化体系;"两类管控"是指人和车辆的管控;"三网三平台"是指公安信息通信网、公安视频专网、社会资源接入专网三张网络以及分别在三张网络上建设的联网平台、共享平台和社会资源接入平台三个平台,实现对全市图像资源的统一整合;"三条线索"是指事前警情线、事中指挥线、事后案件线;"三级应用"指市级、区县级、派出所级不同的应用体系;"四库"是指面对不同图像信息类型存储的基础视频库、基础信息库、警情信息库和案件信息库。

1. 一套统一建设标准

全市按照一套统一的标准进行规划、设计、建设、应用和管理，保证对现有视频监控资源进行有效的接入和管理，避免重复建设和资源浪费；保证各单位建设的视频网络互联互通和视频信息的共享利用，避免出现视频图像的信息孤岛；保证整个系统的功能、性能、稳定性、安全性、可操作性等指标能满足系统的应用需求，最终实现全市图像资源的一体化调用和共享，最大限度地发挥系统建设的整体效能。

2. 两类管控对象

本系统通过新建视频监控系统、市县道路智能治安卡口系统、主要交通路口电子警察系统、进出城市车辆及人员管控系统，重点实现对全市人员和车辆的管控。

通过对人员和车辆的管控，实现社会治安的动态掌控、对违法犯罪的精确打击以及对进出城市人员车辆的监控管理要求，全面提高城市社会治安管理水平，确保社会治安形势的持续稳定，服务和保障城市经济发展建设。

3. 三网三平台

本项目对城市监控系统进行总体规划，从系统的业务和数据的安全性考量，建设"三网三平台"。

第一张网是公安信息通信网。第二张网是公安视频图像专网。第三张网是社会资源接入专网。

第一个平台是联网平台，部署在公安信息网，对各类视频图像信息资源进行联网接入。第二个平台是共享平台，部署在公安视频专网，对公共区域安装的视频图像监控前端设备进行联网接入、认证与管理，并在有权限用户之间进行共享。第三个平台是社会资源接入平台，部署在社会资源接入专网，实现本区域社会资源的整合和接入。

4. 三条业务的线索

考虑公安业务的特点，功能的组织需体现事前、事中、事后思想，三条线索是指事前警情线、事中指挥线、事后案件线。

事前主要指治安防控，告警布防，智能车辆布控，预案管理等，可疑、高危行为分析以预防为主，配合视频监控的社会震慑力，"作战"在事前。

事中主要关注实时应用，应用对象为巡警、指挥中心等相关人员。在车辆稽查布控、轨迹跟踪、电子地图、实时警力调度、警情处置、四色预警等功能辅助下实现实时的视频监控、语音对讲、可疑信息采集。

事后主要关注视频侦查应用，应用对象为侦查人员。该部分主要针对案件线索的整理分析，通过视频浓缩、可视域碰撞、车辆轨迹碰撞等功能快速挖掘案件相关图像线索，实现对涉案目标的标准化语义化描述，帮助刑侦人员对案件进行侦破，主要视频链、时空分析等业务功能帮助刑侦人员对案发过程进行现场重建，梳理案情，最后定位作案嫌疑人，固化证据。同时可与公安其他情报信息系统对接，进行关联查询。

根据三条线索，系统建设相应的视频图像数据库，视频图像信息数据库实现视频图像数据存储、特征描述、索引建立、日常视频数据管理以及公安视频业务应用等功能于一体的视频图像信息数据系统。

5. 三级业务应用

系统针对公安系统市局、区县分局、派出所三级的行政架构，业务应用采用与之相

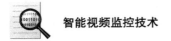

同的应用体系。

市局主要实现全市资源的全局管控，对事件统一指挥调度。

区县分局主要实现将信息的上传下达、分析处理，对事件的处理统一指挥调度。

派出所主要实现实时的现场管控。

不同的应用等级采用灵活的角色权限分配，并划定其使用的资源和具体的使用功能。

6. 视频图像信息库"四库"建设

图像信息数据库包括基础视频库、基础信息库、事件（警情/案件）信息库，部署方式如下：

（1）基础视频库。直接保存公安基础视频监控资源（包括自建、可选社会资源、可选单兵车载资源，均为非结构化数据）。

（2）基础信息库：是存储利用视频监控设备自动结构化抽取出来的视频对象与特征分类描述信息、视频片段、图片等的系统，部署大数据平台，支持海量标准信息的高效数据挖掘业务需求。基础信息库中的资源是通过智能分析系统对基础视频库中视频录像自动结构化抽取出来的资源。

（3）事件信息库（警情信息库/案件信息库），是存储各警种业务民警在日常警务活动中因业务需要从基础视频库和基础信息库中抽取出来的与某事件（警情/案件）相关的视频片段、图片及其结构化描述信息的存储系统。

7. 防线式前端部署模式

"外环内网"防线式建设思路是通过对国内各地公安视频监控系统建设实践与一线使用经验的总结，基于对视频信息结构化方向的深入理解和各种视频监控前沿技术的整合运用，为公安系统量身定制的视频监控建设使用综合解决方案，有效地实现了城市防控包围圈和无缝网建设。

第一道防线：城际干道卡口防控体系

城际干道卡口防控体系是平安城市系统中治安防控的第一道防线，主要是建设在出入城市/地区的高速公路出入口、环城公路路口、国道省道路口、公共交通枢纽等节点，实现出入车辆抓拍、自动车牌识别、驾乘人员智能人脸提取、特征目标布控、身份信息联动等多种结构化、实战化视频功能，形成一个城际边界闭环，对所有出入城市的人、车等目标构建有效的"城门式"防控防线。

第二道防线：城内干道卡口防控体系

城内干道卡口防控体系属于平安城市中的第二道防线，主要建设于市内各外环线、内环线、高架等交通干道、配合前端化的智能功能，同步实现对机动车的自动抓拍，实现对车辆车牌、大小、颜色特征识别和对驾乘人员人脸的自动提取，对后端平台实战视频摘要等功能提供结构化数据支持。

第三道防线：市内街区"网格化"监控防控体系

市内街区监控防控体系是平安城市中的第三道防线，主要建设于一般市内街道、高案发区域、交通场站、流动人员密集等区域，借用数字化城市"网格化管理"思想对城区采用网格化前端部署：在 GSI 系统上根据属地管理、地理布局、人口分布、治安情况等原则划分多个治安网格区域，重点在网格边界进行点位部署，网格内则更多借助社会治安监控资源接入。网格边界主要部署卡口和高清监控点位，做到"车过留牌、人过留痕"。

第四道防线：核心热点监控防控体系

核心热点监控防控体系是平安城市中的第四道防线，主要用于强化重点区域、学校、社区、政府机关、广场等核心点位防控。

对于城市外来人口进出主要通道，如机场、汽车站、火车站、船运码头进出要道部署高清监控点，并在合适的通道部署人脸卡口，记录人员流动情况。

第五道防线：流动无线监控体系

流动无线监控体系属于第五道防线，主要包含移动车载监控系统、移动单兵执法系统、移动非现场执法设备等终端。作为对传统固定式监控系统的补充，无线监控系统使公安监控具备了新的灵活部署和定位跟踪能力。通过 3G/4G/WIMAIX/WiFi 等无线网络传输手段，各种无线前端将视频图像传输至中心，通过平台实现统一管理和可视化指挥调度，服务于多种警务实战应用。

第六道防线：城域社会资源整合体系

城域社会资源整合体系是平安城市中的第六道防线，通过将各种非公安自建社会监控资源纳入公安社会资源整合平台进行统一调阅、查看、管理，进一步增进了城区内视频监控网络的监控覆盖密度，为更多视频信息和线索整理提供丰富的基础数据，配合视频智能化浓缩与自动化视频处理技术，高效服务于公安刑侦破案、治安管理等一线实战。

【设计优势总结】

××市平安工程设计采用业界先进理念和先进技术，比如引进人工智能分析技术、大数据技术、云存储技术，使整体架构具备很强的伸缩弹性和改造能力，能够通过不断升级改造保持系统的先进性和高效性。

独立的业务应用系统，能够保证在底层系统不变的前提下，实现业务应用的快速迭代升级，以保证业务能够更符合不断变化和改进的应用需求。

全网整合资源汇聚效应，能够做到对任意有效资源的调用，保证业务更高效的开展。

立体式防控圈、自动化前端监控部署，使天网变得更缜密，响应速度更快，为人民群众的生命和财产安全提供更完善的保障。

9.2　智能楼宇

世界上对楼宇智能化的提法很多，欧洲、美国、日本、新加坡及国际智能工程学会的提法各有不同，其中，日本的国情与我国较为相近，其提法可以参考，日本电机工业协会楼宇智能化分会把智能化楼宇定义为：综合计算机、信息通信等方面的最先进技术，使建筑物内的电力、空调、照明、防灾、防盗、运输设备等协调工作，实现建筑物自动化（BA）、通信自动化（CA）、办公自动化（OA）、安全保卫自动化系统（SAS）和消防自动化系统（FAS），将这 5 种功能结合起来的建筑也称为 5A 建筑，外加结构化综合布线系统（SCS）、结构化综合网络系统（SNS），智能楼宇综合信息管理自动化系统（MAS），这种楼宇就是智能化楼宇。

9.2.1 智能楼宇的设计原则

为了达到国内领先的目标，智能楼宇设计应该充分考虑系统的合理性、先进性、实用性、可靠性、稳定性和可扩展性的原则，下面具体介绍其中几个原则。

1. 合理性原则

为了保证整个系统从设备配置到系统构成的合理性，系统设计根据实际状况和建设治安防控系统的具体要求，充分满足用户在使用中的各项功能要求。

2. 先进性原则

当前，计算机及通信技术高速发展，使得系统的设计不但要考虑充分利用当前的最新技术，而且还必须考虑随着技术的进一步发展，能在系统中不断融入新技术，使系统始终充满活力，始终保持一定的先进性。

3. 实用性原则

智能楼宇的建设应以实用性为基本原则。系统功能必须满足监、控、存、查、管、用的基本要求，硬件和软件平台界面友好、易学易用、使用方便、图像清晰；采用统一的系统标准和通信协议，使整个系统中各个子系统间能互联互控，充分发挥整个系统的功能。

4. 可靠性原则

保证安防监控系统安全、正确地完成相应功能，保证系统的完整性、正确性和可恢复性，系统的不稳定因素要从硬件、软件系统协同运行中给予充分的防止。系统的运行可靠性是主要性能之一，保证对系统提供 24 小时不间断服务。

系统的可靠性主要表现在以下几个方面：
- 前端摄像系统的可靠性。
- 信号传输系统的可靠性。
- 数字编解码系统的可靠性。
- 视频存储系统的可靠性。
- 视频管理服务器的可靠性。
- 网络系统的可靠性。
- 软件系统的可靠性。

系统在设计上采用以下容错办法：
- 后备电源系统。
- 主要设备的备品、备件。
- 硬盘数据容错机制。
- 硬盘 MTBF≥10 万小时。
- 图像数据远程复制技术。

5. 可扩展性原则

可扩展性原则主要体现在系统横向和纵向的扩展能力上。在系统横向扩展方面，智能视频监控系统在满足当前视频监控需求的基础上，应该非常方便地扩展容量，可方便实现更大容量的视频监控系统。在纵向扩展方面，视频监控系统具有良好的兼容性和通用的软硬件接口，用户可在其基础上进行二次功能开发（如图像智能分析等）。

9.2.2 智能楼宇的一般架构

根据职能区域和安防需求，设计智能楼宇的架构。智能楼宇一般包含的职能区域有：商铺、办公区、停车场、星级酒店、安防监控中心。

与安防相关的子系统有：视频监控、门禁系统、报警系统、巡更系统、对讲系统、消防系统、楼宇控制系统。

- 智能建筑园区解决方案更贴近建筑楼宇的特殊需求，对于大楼出入口的宽动态场景、狭长的走廊、低照度场所均能提供相应功能的产品。尤其针对楼宇中常见的个别监控点位超长（超过 100 米）情况。

- H.265 编码格式能够在保证高清图像质量的前提下将 IPC 的传输码流降至 1M（720P）、2M（1080P），极大地降低存储空间，解决了智能楼宇项目中采用全高清系统导致存储成本过高的问题。

- 方案采用低功耗半球及枪式、低功耗存储设备，节能减排。

- 对于楼宇周界和院区的长距离传输，提供多种解决方案——光网口摄像机、EPON 组网、光电环网等特性，使得施工布线更加方便灵活。

- 全 IP 的监控系统架构使系统具有良好的扩展性，有效保护业主的投资。

- 专业存储系统，具有高密度存储、大容量接入（512 路高清摄像机）的特性，大幅度降低数据中心服务器数量，节省建设和管理维护成本。

- 专业的通用安防管理平台，可以接入门禁、报警等安防子系统，并和视频监控系统进行联动。

基于视频的停车场管理系统，可以实现无卡车辆管理和停车场车位引导，并大幅提升管理效率。

在设计智能楼宇的弱电系统时，需要考虑视频监控系统是否要与其他管理控制系统对接，具体实现哪些功能。智能楼宇系统架构，如图 9-2 所示。

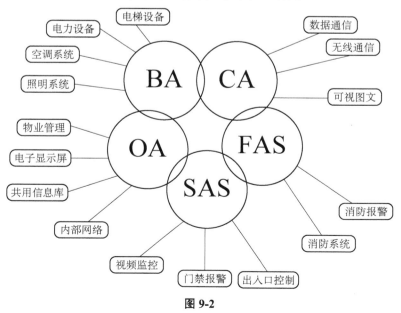

图 9-2

9.2.3　智能楼宇的建设需求

智能楼宇的基本要求是，有完整的控制、管理、维护和通信设施，便于进行环境控制、安全管理、监视报警，并有利于提高工作效率，激发人们的创造性。简言之，楼宇智能化的基本要求是：办公设备自动化、智能化，通信系统高性能化，建筑柔性化，建筑管理服务自动化。

和普通建筑相比，智能楼宇有如下几个方面的具体特性：

（1）具有良好的信息接收和反应能力，提高工作效率。

（2）提高建筑物的安全、舒适和高效便捷性。

（3）具有良好的节能效果。对空调、照明等设备的有效控制，不但提供了舒适的环境，还有显著的节能效果（一般节能达 15%～20%）。

（4）节省设备运行维护费用。一方面系统能正常运行，发挥其作用可降低机电系统的维护成本，另一方面由于系统的高度集成，操作和管理也高度集中，人员安排更合理，从而使人工成本降到最低。

（5）满足用户对不同环境功能的需求。

楼宇智能化应该能够提供一种优越的生活环境和高效率的工作环境。

① 舒适性。使人们在智能化楼宇中生活和工作（包括公共区域），无论是心理上还是生理上均感到舒适，为此，空调、照明、噪音、绿化、自然光及其他环境条件应达到较佳或最佳状态。

② 高效性。提高办公业务、通信、决策方面的工作效率，节省人力、时间、空间、资源、能耗、费用，以及建筑物所属设备系统使用管理的效率。

③ 方便性。除了集中管理，易于维护外，还应具有高效的信息服务功能。

④ 适应性。对办公组织机构、办公方法和程序的变更以及设备更新的适应性强，当网络功能发生变化和更新时，不妨碍原有系统的使用。

⑤ 安全性。除了要保证生命、财产、建筑物安全外，还要考虑信息的安全性，防止信息网中发生信息泄露和被干扰，特别是防止信息数据被破坏、被篡改，防止黑客入侵。

⑥ 可靠性。选用的设备硬件和软件技术成熟，运行良好，易于维护，当出现故障时能及时修复。

9.2.4　智能楼宇建设案例

××酒店整体采用"宇视智能建筑全 IP 监控方案"，共计 1300 个监控点，前端采用 180 多台编码器接入 500 路模拟摄像机，采用 800 多路 1080P 全高清网络摄像机一同实现酒店的全面监控。中心采用宇视 VM8500 视频管理服务器实现全酒店监控系统的统一管理，MS8500 流媒体服务器实现酒店内网与外网的码流转换传输、IPSAN 存储设备（容量达 2000TB）为酒店提供可靠的监控存储录像、DC28 系列高清解码器提供清晰的图像输出，宇视 TS8500 转码服务器为手机监控提供转码服务，让客户通过 WiFi/3G 网络轻松实现手机监控。

为保证系统可靠性，服务器采用 1+1 备份，在发生意外时，管理系统自动实现在线主备切换，确保业务持续性，数据的安全性，增加系统冗余能力。整套系统基于 NGN 架构，结构稳定简单、利于扩容，满足监控系统的看、控、存、管、用的全局需求。智能楼宇建设模型如图 9-3 所示。

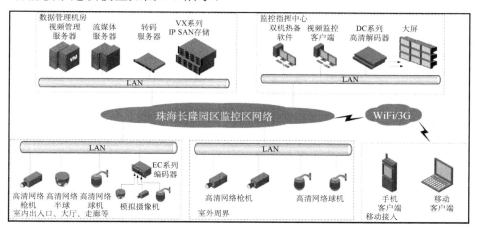

图 9-3

9.3　大型园区

所谓园区监控，就是指在一个固定周界内，有一定规模的，有相关应用联动的监控系统。园区监控覆盖范围较大，一般涉及多栋建筑，管理上具备相对的独立性和完整性，一般有一定周界；同时拥有该园区网的公司/单位通常也拥有该园区内所用的物理线路。

园区是当前社会组织（厂矿、企业、机构等）生产、办公、生活等活动中涉及的最常见的地域范畴。因此也是应用最广泛的 IP 监控组网型态，园区监控涵盖企业园区、校园园区、政府机关园区、监狱、港口、机场等多个行业的主要监控应用，主要应用在以下两个方面。

一个是安防监控领域。也就是将视频监控作为一种技防手段，用于防范财产被盗，闲杂人员闯入等，对出入口、厂区、办公楼、周界围墙、仓库等目标进行实时全天候视频监控，同时具备监控录像、报警联动等功能，成为安保工作的辅助。

另一个是生产监控领域。在某些具体的行业，为加强管理、提高工作效率，监控也会用于辅助生产系统，通常称之为生产监控，此时是将视频监控作为管理手段，如制造型企业将视频监控用于生产线的可视化管理，学校将视频监控作为远程监考的手段等。这种情况下，监控点的选择更多的是取决于业务和管理的需求，一般多设置在主要的生产业务区。

9.3.1　大型园区的设计原则

为了达到园区新建视频监控系统产品性能优异、质量领先的目标，该系统设计应该充分考虑系统的先进性、实用性、可靠性、稳定性和可扩展性的原则。

先进性原则：在视频监控系统的设计中，对所有设备和相应软件的设计中，应该选用国际先进的视频监控设备和系统，从而既保持传统监控系统图像质量高的特点，同时能够彻底解决监控系统数字化、网络化过程中的瓶颈问题。该系统的设计采用数字视频方式，通过网络摄像机进行视频图像的采集，数字实时图像通过解码器在电视墙或者直接在计算机终端上显示。这一技术路线保证了系统具有良好的清晰度、较少的管理设备资源占用、完全实时、一流的网络功能等诸多特点，采用了先进的数字图像技术，为系统扩展应用打好基础，系统建成后在很长时间内不会被淘汰。

实用性原则：视频监控系统的建设应以实用性为基本原则。系统功能必须满足看、控、存、管、用的基本要求，硬件和软件平台界面友好、易学易用、使用方便、图像清晰；采用统一的系统标准和通信协议，使整个系统中各个子系统间能互联互控，充分发挥整个系统的功能。

可靠性原则：保证安防监控系统安全、正确地完成相应功能，保证系统的完整性、正确性和可恢复性，系统的不稳定因素要从硬件、软件系统协同运行中给予充分的防止，如有发生也应做到可即时地恢复。本系统的规模无论在网络、系统平台，还是在系统应用方面都具有相当的规模，系统的运行可靠性是主要性能之一。保证对系统提供 24 小时不间断服务。

可扩展性原则：可扩展性原则主要体现在系统横向和纵向的扩展能力上。在系统横向扩展方面，智能视频监控系统在满足当前视频监控需求的基础上，应该非常方便的扩展容量，可方便实现更大容量的视频监控系统。在纵向扩展方面，视频监控系统具有良好的兼容性和通用的软硬件接口，用户可在其基础上进行二次功能开发（如图像智能分析等）。随着系统以后的扩展，用户容量将会不断扩大，新的业务功能的要求将会层出不穷。这要求系统具备良好的可扩展性，所以在系统建设的初期，首先立足于近期的应用需求进行系统配置，而以系统的可扩展性来保证今后 3～5 年内的发展需求。

安全保密性原则：由于本系统涉及对商业场所的实时监控、数据传输量大及使用人员多，故安全性和保密性就显得十分突出和重要。在考虑系统的安全性和保密性时，除应考虑各种外界干扰外，还需在各个环节提供安全、保密措施。

9.3.2　大型园区的一般架构

大型园区系统一般采用模块化设计思路，分为视频监控子系统、园区车辆管理子系统、智能分析管理子系统、移动监控管理子系统、人员物资管理子系统、智能运维管理子系统、智能园区平台子系统几大部分组成。

各个部分之间实现互联，其中设备设计联网拓扑，包括园区周界、办公楼、工厂生产车间、行政楼、重要机房、财务室以及出入口、主干道及停车场等，分场景布设具体的设备，如人脸识别、4G 布控球、交通抓拍机，建设监控中心以及分园区分控中心，实现云终端设备，可视化报警管理应用。

9.3.3　大型园区的建设需求

对于园区监控来说，一方面用户对视频监控系统本身的操控体验要求越来越人性化，如高清画面显示、基于事件的录像快速检索精确定位、三维仿真 GIS 与组态，等等；另一方面，用户对视频监控系统的定位也不再是孤立的视频图像采集再现系统，而是安防系统或者其他专业应用系统的有机组成部分，视频监控系统应该与安防系统的其他子系统（如门禁、报警、消防等），或者专业应用系统的其他子系统（如 SCADA 动力环境系统、考勤系统、图像智能分析系统等）完成充分的融合互动。此外，随着园区规模的扩大或者企事业单位分支机构（如分校、分厂、异地厂区）的不断加入，多园区监控系统的跨域联网以及统一应用管理的需求也会越来越多。在这种情况下，使得园区监控的需求已经发生了许多变化，其中有四个关键问题需要加以解决。

首先是扩展性及原有资源利用的要求。伴随着园区规模的扩大及企事业单位分支机构（如分校、分厂、异地厂区）的不断加入，园区的监控规模和密度比以往都增加了许多，也使得基于 IP 的联网监控逐渐成为主流。同时，对原有监控资源的整合、多园区监控系统的跨域联网需求也会越来越多。

其次是全局资源的统一管理。IP 技术越来越多地融入视频监控领域后，安防监控与生产监控这两种目的不同的业务在视频监控系统中实现共享和融合已经成为可能，由此也带来监控规模的进一步扩大。系统需要对大量的监控资源统一管理，对大量的前端设备统一维护，提升故障发现及处理的效率。

再则是开放性及业务应用的整合。随着视频技术、安防技术以及 IT 技术的不断发展，一方面用户对视频监控系统本身的操控体验要求越来越人性化，如高清画面显示、基于事件的录像快速检索精确定位、三维仿真 GIS 与组态，等等；另一方面，用户对视频监控系统的定位也不再是孤立的视频图像采集再现系统，而是安防系统或者其他专业应用系统的有机组成部分，视频监控系统需要与安防系统的其他子系统（如门禁、报警、消防等），或者专业应用系统的其他子系统（如 SCADA 动力环境系统、考勤系统、图像智能分析系统等）完成充分的整合。

还有就是对可靠性的要求。随着视频监控系统在安防系统中的地位日趋重要，系统的可靠性也越发受到的重视。从前端设备的可靠性到网络链路的可靠性、存储的可靠性、管理平台的可靠性，都需要以往监控系统的基础上加以提升。

9.3.4　大型园区的案例

建设背景：为了给员工营造安全、有序的生产和办公环境，依据相关的国家标准及行业规范，在完善与健全公司现有各种制度及设施的同时，建立一套覆盖整个园区的综合安全防范系统，对园区内的生产环境及重要设备的运行状况加以监视。

组网模式：整套系统以 VM5500 平台为核心，采用全交换架构对多达 300 余路网络高清摄像机进行统一集中管理。并与门禁、报警、车辆出入管理系统进行平台对接。针对不同应用区域采用功能差异化摄像机进行部署，以保证每个监控点位都能够采集到最优质清晰的视频图像。异地分厂采用 ISC6500 进行前端摄像机接入，利用烟机 IP 视频监控专网与总公司进行远程调用。大型园区建设案例模型如图 9-4 所示。

用户价值：利用技防的优势，结合原有人防特点，最大程度地提高了烟机公司在厂区对防范火灾、失窃以及恶意破坏等对安全生产构成威胁的情况来加以监视，来保证公司的安全生产和社会治安的稳定。

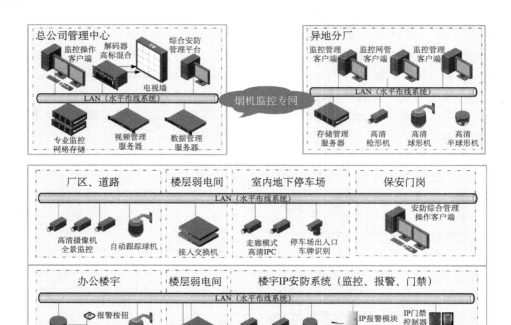

图 9-4

9.4　广域互联监控

随着用户需求的不断提升，视频监控从以往一个个孤立的点，正逐渐走向集中联网，以满足资源的统一部署和监管，甚至可进行大数据采集分析、为新型可视化管理模式服务。而对于社会资源接入、企事业、教育、金融等拥有多层组织架构的行业视频监控联网，所面临的最大挑战是跨广域网的信令/媒体数据互通问题，以及低带宽广域网环境对音视频完整度、流畅度的影响。

广域联网监控的典型特征是，网络链路多样、传输带宽有限、管理平台分级、安防业务要求复杂多样。

1. 管理平台的部署问题

广域联网监控一般都具备多个监控中心，需要部署多级管理平台，如银行网点的联网监控系统为典型的树型管理结构，即总行-分行-支行-网点，其他电力、环保、交通等行业的情况也类似。在早期，基本是单个网点自行建设，部署一系列 DVR 产品。随着联网需求的逐步展开，大部分传统的 DVR 厂商就在 DVR 的开发接口上开发一套管理软件，向更上一级的管理平台开放实现多级联网。

但是多个上级平台直接管理到前端存在以下两个问题：

（1）多个上级管理平台管理和操作同一个前端，业务资源存在冲突。虽然部分 DVR 也可以实现简单的优先级，分配给不同的上级平台，但是这种解决资源冲突的方法要求前端设备具备更复杂的功能、前端维护人员具备更高超的技能，这显然背离了要求前端设备无人值守、无人管理的初衷。

（2）对于典型的树状广域联网结构，平台是逐步收敛，但是每一级上级管理平台都对前端每个 DVR 进行管理操作，增加了最上级平台的负荷。

2. 存储系统的部署问题

由于广域网带宽有限，无法满足所有监控点的监控视频实时传送到上级管理平台，这就会要求监控视频在前端 DVR 存储。但是会存在以下两个问题：

（1）监控录像数据缺乏技术冗余或数据备份手段，DVR 一旦硬盘出现故障，相关录像数据则会丢失，且上级主管部门没有可及时发现故障的手段，无法保证监控录像一直被正常记录。

（2）监控视频存储及管理主机都在现场，监控系统及所存储的视频有被任意破坏、恶意停机的风险，DVR 中历史数据可以被随意删除和破坏，缺乏必要的上级监管手段。

3. 网络支撑系统的问题

跨广域网实现视频监控业务，在网络环境的复杂性、系统的可靠性、业务的多样性等现状也为监控系统提出更严格要求：

（1）广域网络部署复杂，IP 地址空间划分各异。由于广域网环境的复杂性，以及跨部门之间网络规划的独立性，网络地址往往不统一，不同部门之间的监控系统联网之后，无法相互访问，这就要求重新规划网络地址空间。但是这在某些场景下是不现实的，如社会资源的联网监控，一般要求监控图像要上传几路到当地的公安机关，实现社会资源的监控视频被公安机关所用，但如果要求社会资源的监控设备与公安部门的监视设备或监控平台规划统一的 IP 地址，这显然是不可能的。

（2）核心平台的可靠性要求提升。监控系统从单点到联网，无形中加强了核心管理平台的作用与地位，因此对核心管理平台的可靠性尤为重要，核心管理平台一旦出现设备故障，整个系统将承受不可预知的损失。

（3）跨广域网环境数据业务的多样性。为了节约网络带宽资源，各种业务（如办公数据、生产数据、监控视频等）共享一条链路，如何保证这些数据共享物理资源的同时互相不存在影响，以及保证高优先级的数据传输，成为监控系统和承载网络面对的共同问题。

4. 安防监控业务的问题

前端接入单元，除基本的视频监控之外，还要求具备安防业务功能，如入侵报警、门禁出入控制、智能分析、动力设备环境数据采集等。但大多数安防系统是独立的，这就要求监控系统本身能够支持基本的安防业务，或者能够与专业的安防业务系统联动提供复杂的安防业务功能，或通过灵活的定制开发集成到具体行业系统中，方便实现前端接入单元的无人值守或监控自动化。

9.4.1　广域互联监控的设计原则

由于跨地域的广域互联监控用户大多数都属于独立的行政单位，在设计建造时需要充分考虑当地的使用方式。一般来说，80%以上的使用都是当地行政单位，仅有 20%左右是跨广域互联的应用，在此类应用中，系统的可操作可维护性是非常重要的。建设时应遵循以下原则。

系统性：超越部门应用的局限性，以系统工程的视角，要考虑到企业的运营能力和发展需要，坚持"一次设计、合理投资、预留发展、分步到位"的方针，尽量采用能使系统不间断的发展和扩充技术。

易于维护性：系统充分考虑到用户对系统进行日常维护的工作难度，尽量减少维护工作量，甚至零维护。当系统某一点出现问题时将不会影响整个系统的运行。

具体性：系统充分考虑安保的各种具体要求和当地的具体情况。

易操作：监控系统的操作应具有灵活简便，易于掌握的特点，操作人员能够方便地进行使用及维护，使整个系统发挥最大的功能。

开放性和标准性：为了满足系统所选用的技术和设备的协同运行能力，系统投资的长期效应以及系统功能不断扩展的需求，必须追求系统的开放性和标准性。

可靠性和稳定性：在考虑技术先进性和开放性的同时，还应从系统结构与产品选型、技术措施、设备性能、系统管理、厂商技术支持及维修能力等方面着手，确保系统运行的可靠性和稳定性，达到最大的平均无故障时间。

9.4.2 广域跨域互联的一般架构

广域跨域互联监控系统由上、下级域监控平台、传输链路、存储系统、前端监控系统、显示控制系统组成，上级域平台作为用户信息的汇总管理和设备故障分析，对重要点位进行监控。各级监控域通过权限划分，可以实时查看、查询录像在本地的监控点位。系统构架采用分布式结构，支持多级中心应用，采用模块化设计及分布式的数据管理，达到多级中心间的数据同步、信息交换、信息转发等功能。

9.4.3 广域跨域互联的建设需求

1. 下级园区系统独立自治

每一个下级园区都是一个独立完整的视频监控系统，具备单独的监控中心、监控管理平台、传输系统、存储设备、前端编码及后端解码设备，完成本园区内所有视频监控点的调度、管理。

2. 监控系统间多级互联

多级监控系统间要实现资源的共享及授权使用。由于各子系统独立建设，可能采用不同的实现技术，因此在监控系统间级联的时候，需要解决多厂商系统兼容的问题。目前的实现方式为上级监控平台分别兼容所有不同品牌的下级平台。

此种方式的核心是各园区系统的下级监控平台开放自己的 SDK 接口，由上级监控平台按照这些 SDK 接口分别对下级监控平台进行兼容适配，完成全网图像资源的整合。这种方式的好处是实现了全网基于监控平台的数字互通，不足之处是后期各地新建的监控系统，上级平台均需要随之跟进，按照其提供的接口进行开发，并且由于没有标准的规范制约，互通系统之间的接口可变性大，可能需要上级平台进行持续性开发和维护。广域跨域互联建设案例模型如图 9-5 所示。

（2）上、下级园区监控系统采用统一的标准互通协议实现联网。

要求系统间的互联整合使用统一的控制信令，例如使用统一的 SIP 信令作为控制信令进行协议互通。标准中规定联网过程中的控制命令和视频数据的传输和转换，所有这些实现都基于标准的 SIP 协议实现。

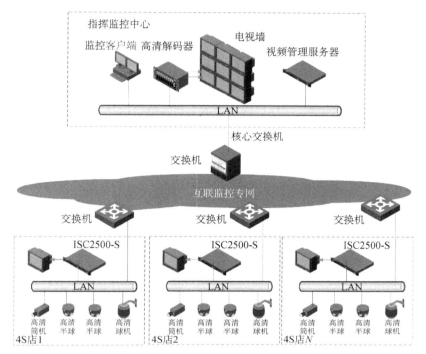

图 9-5

多级系统的互联需要在控制信令和媒体流两个层面都能够完成互通，以上两种实现方式是针对控制信令进行协议互通的解决方案，其中，以统一的监控平台互通协议为基础的联网方式是未来的发展方向和趋势。在当前的实际应用环境下，如果条件不足，也可以先使用 SDK 兼容的方式进行过渡。同时受业界视频编码标准限制，目前不同厂商间的产品无法在媒体流层面实现硬件级的互编互解。在媒体编解码层面上，可以采取使用各厂家解码控件进行软解码的方式来实现。

3．全网资源统一管理

多园区的监控系统要实现广域互联，所有监控点图像资源必须进行统一标识，全网图像资源及用户资源统一制定编码及命名。通过统一的编码，全网监控资源都具备一个唯一的标识，从而为图像资源的统一管理提供基础。

4．跨域业务处理

监控系统的本质是要实现视频图像资源的"看、控、存、管、用"，传统上考虑这些问题都是从单园区本地监控的角度来出发，当我们把联网监控的范畴延伸到跨广域的多园区互联时，就要求系统能够从全局而不只是从单个园区的角度来实现跨越空间的全局"看、控、存、管、用"。多级监控系统间互联的时候，需要有权限的共享通信机制，由于每个园区监控系统的用户权限要求各有不同，多园区监控系统应可相互检索到各自平台的授权用户信息，互联平台之间可通过权限设置实现资源的共享。

5．广域网络线路连接

园区间的广域承载网络用于承载跨域的图像视频数据流，可以是专网（企业内网、VPN 网络），也可以是公网（互联网），由此会分化出两类不同的方案。基于专网和基于公网实现联网最本质的区别在于公网和专网不同的拓扑设计原则。公网的典型特征是业务的随机性和非控性，互联网和电话网都是典型的公网。而专网的典型特征是业务模型相对稳定、可控，大多数企业内网都是专网模式。视频监控业务作为企业、学校、政府机关内部专用的一种业务，其业务本身是不对外共享的，因此基于专网承载的联网监控是比较合适的模型，如同目前绝大多数企业网络是内部专网网络而非构建于互联网一样。

6. 干线管理

多园区之间的广域网络带宽往往是有限的，因此要求互联的园区监控系统间支持用户接入能力的协商及管理，包括监控平台间媒体流量的管理、媒体流数量限制，并可实现管理用户对跨域系统媒体流的强制撤线和提示管理。

9.4.4 广域跨域互联的案例

建设背景：由于 4S 店的特殊产品和环境，也给店面的防盗防损带来了一定的隐患，加大了管理难度，因此要考虑防盗，防损问题。××省××汽车 4S 店为加强全省联营的安全规范管理。截至目前已对全省 13 个地市约 35 家店面进行视频监控项目，统一部署集中管理建设。

组网模式：指挥监控中心采用视频管理服务器作为上级域，配置有高清硬件解码器及电视墙，分店使用 ISC2500 NVR，前端设备采用 HIC3400 系列网络摄像机、编解码器及交换机进行组网。重点区域采用网络高清 HIC6501EX22 球机进行全方位巡航监控。通过互联监控专网，指挥中心可以实时的查看各分店的视频图像，统一管理。

用户价值：4S 店的最大特点是顾客可以自由观看，自由体验，如何管理好贵重的物品，规范员工行为，提高生产和管理效率、预防和制止犯罪行为。该系统的部署基于互联网络，将各地市下属 4S 分店进行统一集中管理。提高自身监督管理的同时，也对安全分店安全提供了有效的保障。

本章小结

本章介绍了常见的平安城市、智能楼宇、大型园区、广域互联四种典型场景下的视频监控系统应用，可以举一反三延伸到校园、机场、金融、高速公路、高铁等行业。首先要了解该行业应用的需求，然后根据通用的原则结合客户的实际使用习惯，设计出弱电系统的架构，根据架构再细化每个系统、每个点位的具体设备选型。容易忽略的是视频数据流量大，在设计方案的时候不要留下网络带宽瓶颈。